华章图书

一本打开的书，一扇开启的门，

通向科学殿堂的阶梯，托起一流人才的基石。

大数据安全

技术与管理

主　编　王瑞民
副主编　史国华　李　娜
参　编　杨　姣　宋　伟　高　淼　龚玉猛
（按姓氏笔画顺序）

机械工业出版社
China Machine Press

图书在版编目（CIP）数据

大数据安全：技术与管理 / 王瑞民主编 . -- 北京：机械工业出版社，2021.8
（网络空间安全技术丛书）
ISBN 978-7-111-68809-9

Ⅰ. ①大…　Ⅱ. ①王…　Ⅲ. ①数据处理 - 安全技术 - 研究　Ⅳ. ① TP274

中国版本图书馆 CIP 数据核字（2021）第 152897 号

大数据安全：技术与管理

出版发行：机械工业出版社（北京市西城区百万庄大街 22 号　邮政编码：100037）
责任编辑：杨绣国　　责任校对：殷　虹
印　　刷：北京文昌阁彩色印刷有限责任公司　　版　　次：2021 年 8 月第 1 版第 1 次印刷
开　　本：186mm × 240mm　1/16　　印　　张：14.75
书　　号：ISBN 978-7-111-68809-9　　定　　价：79.00 元

客服电话：（010）88361066　88379833　68326294　　投稿热线：（010）88379604
华章网站：www.hzbook.com　　读者信箱：hzit@hzbook.com

前　言

我们生活在一个充满“数据”的时代，并且我们的生产和日常生活还在不断地产生新数据，“堆砌”着数据大厦。由于大数据的无所不包，数据产生和应用的无所不在，大数据安全将关系到各类社会组织的正常运行，关系到企业的正常经营和发展，关系到我们每个人的切身利益。

很多科学技术都是一把“双刃剑”，它一方面可以造福社会、造福人民，另一方面也可以被一些人用来损害社会公共利益和民众利益，因而国家强调必须将大数据安全纳入国家安全视野中来审视与思考。

《国务院关于印发促进大数据发展行动纲要的通知》强调，要“科学规范利用大数据，切实保障数据安全”，再次体现出国家层面对数据安全的高度重视。实际上，未来国家层面的竞争力将部分体现为一国拥有数据的规模、活性以及解释、运用的能力，数据主权将成为继边防、海防、空防之后另一个国与国之间博弈的空间。

“共建数据安全，共享安全数据”，就是要在确保数据安全的前提下，更好地发挥和挖掘数据的潜在价值，创造更好的社会和经济效益。为此，在“数字赋能，共创未来——携手构建网络空间命运共同体”的过程中，我们有必要编写一本大数据安全图书，以推进大数据资源整合和开放共享，保障大数据安全，助力建设数字中国，更好地为发展我国经济社会和改善人民生活服务。

在此背景下，我们编写本书以飨读者。

新一轮科技革命和产业变革加速演进，大数据等新技术、新应用、新业态方兴未艾，但是关于大数据安全技术与管理的图书并不是很多。我们编写组成员通过分析大数据相关的法律、法规、标准、规范，根据编写组的项目实践经验，以及查阅的大量论文，按照大数据的生命周期，逐一讨论了大数据各阶段的安全问题，分析了相应的技术和管理措施，并在每章设计了习题，以便于读者按自己的需求及喜好查找相应的大数据安全问题，并寻求相应的解决措施。

在本书的编写过程中，编写组对书中所讨论的大数据安全问题慎之又慎，唯恐出现纰漏。然而，限于学识，书中表述可能有不当之处，欢迎各位读者不吝批评、指正，以使得本书更加完善。对于参阅的大量文献，未能全部列出，特向同行者表达深深的歉意。

本书的编写获得了“河南省高校科技创新团队支持计划”项目（211RTSTHN012）的支持。机械工业出版社华章公司的佘洁老师在本书的选题策划、写作等方面给予了认真细致的指导，在此对她表示最诚挚的感谢。

目　录

第1章

大数据安全挑战和现状

随着移动互联网、物联网、通信技术的蓬勃发展，网络数据信息量呈指数式增长，大数据时代已经来临。根据中国互联网信息中心（CNNIC）发布的第45次《中国互联网络发展状况统计报告》，截止到2020年3月，我国网民规模达9.04亿。作为重要的战略资源，大数据自身蕴藏的巨大价值和集中化存储管理模式安全问题愈发凸显。

1.1 大数据概述

早在20世纪80年代，美国已经开始从事信息安全方面的研究，美国国防部基于军事计算机系统的保密需要，制定了可信计算机系统评价准则（TCSEC）。90年代，欧洲和加拿大分别提出了信息技术安全评价准则（ITSEC）和可信计算机产品评价准则（CTCPEC）。1999年，美国、加拿大、英国、法国、德国、荷兰等国家又共同提出信息技术安全评价公共标准（CC）。

为促进我国大数据技术和产业的健康发展，我国发布了一系列政策文件。2015年8月，国务院印发《促进大数据发展行动纲要》，全面阐述了我国发展大数据产业的意义、目标、任务和政策。此纲要的出台标志着大数据产业已被提升为国家战略高度，逐渐完善的政策体系为大数据产业的发展提供了良好条件。

2016年3月发布的《中华人民共和国国民经济和社会发展第十三个五年规划纲要》指出，要实施国家大数据战略，强化信息安全保障。“大数据”一词在“十四五”规划的征求意见稿中出现了14次，而“数据”一词则出现了60多次。可以看出，作为国民经济和社会发展的重要风向标，“十四五”规划对于大数据的发展仍然做出了重要部署。相对于“十三五”规划中专门用一章来集中描述大数据发展，“十四五”规划对于大数据发展的着墨已经融入到各篇章之中。这在一定程度上表明，大数据已经不再是一个新兴的技术产业，而是正在成为融入经济社会发展各领域的要素、资源、动力、观念。并且，大数据带动的新一代信息技术总体正在从“前沿技术”变为“重要应用”，发挥的价值愈益明显。

发展数字经济、建设数字中国，是《中共中央关于制定国民经济和社会发展第十四个五年规划和二〇三五年远景目标的建议》中的一项重要内容。数字经济已经成为我国经济发展的新引擎。

相对应传统的数据集，数字经济时代的大数据出现了一些新的特点。在实现大数据集中后，如何确保数据的完整性、可用性和保密性，不受信息泄露和非法篡改的安全威胁影响，已成为政府机构、事业单位信息化健康发展所必须考虑的核心问题。

1.1.1 大数据的概念

什么是“大数据”(big data)？学者和专家给出了不同答案。

徐宗本院士对大数据的定义为：“不能够集中存储，并且难以在可接受时间内分析处理，其中个体或部分数据呈现低价值性而数据整体呈现高价值的海量复杂数据集。”

麦肯锡全球研究所定义大数据为：“一种规模大到在获取、存储、管理、分析方面大大超出了传统数据库软件工具能力范围的数据集合。”

MBA 智库百科则认为：“大数据是无法在一定时间内用常规软件工具对其内容进行抓取、管理和处理的数据集合。”

在我国国家标准《信息技术　大数据　术语》(GB/T 35295—2017）中，大数据是指“具有体量巨大、来源多样、生成极快且多变等特征，并且难以用传统数据体系结构有效处理的包含大量数据集的数据”。

1.1.2 大数据的特性

大数据的定义虽然不尽相同，但都突出了有别于传统数据的新特征。大数据具有五大特点，也称为 5V 特性。

（1）多样性（Variety）

大数据的多样性是指数据的种类和来源是多样化的。数据可以是结构化的、半结构化的以及非结构化的，数据的呈现形式包括但不限于文本、图像、视频、HTML 页面以及地理位置等。

（2）大体量（Volume）

大数据的大体量是指数据量的大小，即规模大。大到什么程度呢？我们用微信来做个例子，微信的存储总量超过 100PB。这么大的量，当然不是过去人们所能想象的。这反映了数据的量大。当然还有其他的一些指标，如微信朋友圈信息数量超过 5000 亿条，微信用户数超过 6.97 亿等。

（3）高速（Velocity）

大数据的高速是指数据增长速度快、处理速度快。各行各业的数据都在爆炸性增长。大家应该都能想象到，在我们说话的一瞬间，已经出现了很多足够新的微信。有统计表明，微信朋友圈每天的阅读量可以达到 35 亿次，这个数字是动态的。速度快意味着什么呢？当你正在做一个处理的时候，新的数据又来了，但你前面还没处理完，怎么解决问题呢？这就是给我们的一种挑战。当然了，这种挑战在各个行业都存在，在许多场景下数据都具有时效性，如搜索引擎要在几秒内呈现用户所需数据。企业或系统在面对快速增长的海量数据时，必须要高速处理，快速响应。

（4）低价值密度（Value）

大数据的低价值密度是指在海量的数据源中，真正有价值的数据少之又少，甚至许多数据可能是错误的，不完整的，无法利用的。总体而言，有价值的数据占据数据总量的密度极低，提炼数据好比浪里淘沙。

挖掘价值当然要在一个有价值的前提下进行，但是大数据存在很多不可信数据。比如在微信中可能有网络水军，甚至有的不是真人表达；再比如美团的评论中存在一些恶意差评或好评，这都是有倾向性的，不是真实的表达，还有一些谣言及模棱两可的误导性信息等，这些也都是不可信的数据。当我们依赖大数据来处理问题的时候，以及对数据进行挖掘的时候，需要撇掉这些数据才能解决问题。

（5）真实性（Veracity）

大数据的真实性是指数据的准确度和可信度，代表了数据的质量。

怎么利用大数据来推动经济的发展？这有很多例子：如利用大数据使得广告投放非常精准，谁需要什么就投放什么，则大家不会那么反感；如利用大数据去识别用户投诉，最后能够节约处理成本；又如利用大数据进行个性化推荐，推荐的命中率比较准，用户购买力比较强，销售额大幅提升，这些都是大数据价值所带来的。

1.1.3　大数据安全需求

2020年3月正式实施的国家标准《信息安全技术　大数据安全管理指南》(GB/T 37973—2019）规定，大数据环境下的安全需求包括传统信息安全的“金三角需求”，即保密性、完整性和可用性。

1. 保密性

大数据环境下的保密性需要考虑以下6个方面：

1）数据传输的保密性，使用不同的安全协议保障数据采集、分发等操作中的传输保密要求。

2）数据存储的保密性，如使用访问控制、加密机制等。

3）加密数据的运算，如使用同态加密算法。

4）数据汇聚时敏感性保护，如通过数据隔离等机制确保汇聚大量数据时不暴露敏感信息。

5）个人信息的保护，如通过数据匿名化使得个人信息主体无法被识别。

6）密钥的安全，应建立适合大数据环境的密钥管理系统。

2. 完整性

大数据环境下的完整性需求应考虑以下5个方面：

1）数据来源验证，应确保数据来自已认证的数据源。

2）数据传输完整性，应确保大数据活动中的数据传输安全。

3）数据计算可靠性，应确保只对数据执行期望的计算。

4）数据存储完整性，应确保分布式存储的数据及其副本的完整性。

5）数据可审计，应建立数据的细粒度审计机制。

3. 可用性

大数据环境下的可用性需求应考虑以下 3 个方面：

1）大数据平台抗攻击能力。

2）基于大数据的安全分析能力，如安全情报分析、数据驱动的误用检测、安全事件检测等。

3）大数据平台的容灾能力。

除此之外，针对大数据的特点，组织还应从大数据活动的其他方面分析安全需求，包括但不限于：

1）与法律法规、国家战略、标准等的合规性。

2）可能产生的社会和公共安全影响，与文化的包容性。

3）跨组织之间数据共享。

4）跨境数据流动。

5）知识产权保护及数据价值保护。

1.2 大数据面临的安全挑战

在大数据时代，由于各种大数据系统发展变化快、应用场景广，大数据安全面临诸多严峻威胁和挑战，主要体现在大数据技术和平台的安全、个人信息保护、国家社会安全和法规标准等方面。

1.2.1 大数据技术和平台的安全

伴随着大数据的飞速发展，各种大数据技术层出不穷，新的技术架构、支撑平台和大数据软件不断涌现，大数据安全技术和平台发展也面临着新的挑战。

1. 传统安全措施难以适配

大数据的海量、多源、异构等特征，导致其与传统封闭环境下的数据应用安全环境有很大区别。

首先，大数据的整体技术架构要复杂得多。大数据应用一般采用底层复杂、开放的分布式计算和存储架构，为其提供海量数据的分布式存储和高效计算服务。这种技术架构使得大数据应用的系统边界变得模糊，传统基于边界的安全保护措施难以发挥作用。如在大数据系统中，数据一般都是分布式存储的，数据可能动态分散在很多个不同的存储设备，甚至不同的物理地点存储，这样导致难以准确划定传统意义上的每个数据集的“边界”，传统的基于网关模式的防护手段也就失去了安全防护效果。

其次，大数据系统表现为系统的系统（System of System），其分布式计算安全问题也将显得更加突出。在分布式计算环境下，计算涉及的软件和硬件较多，任何一点遭受故障或攻击，都可能导致整体安全出现问题。攻击者也可以从防护能力最弱的节点着手进行突破，通过破坏计算节点、篡改传输数据和渗透攻击，最终达到破坏或控制整个分布式系统的目的。传统基于单点的认证鉴别、访问控制和安全审计的手段将面临巨大的挑战。

此外，传统的安全检测技术能够将大量的日志数据集中到一起，进行整体性安全分析，试图从中发现安全事件。然而，这些安全检测技术往往存在误报过多的问题。随着大数据系统建设，日志数据规模增大，数据的种类将更加丰富，过多的误判会造成安全检测系统失效，降低安全检测能力。因此，在大数据环境下，大数据安全审计检测方面也面临着巨大的挑战。随着大数据技术的应用，为了保证大数据安全，需要进一步提高安全检测技术能力，提升安全检测技术在大数据时代的适用性。

2. 平台安全机制严重不足

现有大数据应用多采用开源的大数据管理平台和技术，如基于 Hadoop 生态架构的 HBase/Hive、Cassandra/Spark、MongoDB 等。这些平台和技术在设计之初，大部分基于在可信的内部网络中使用，对大数据应用用户的身份鉴别、授权访问以及安全审计等安全功能需求考虑较少。近年来，随着更新发展，这些软件通过调用外部安全组件、修补安全补丁的方式逐步增加了一些安全措施，如调用外部 Kerberos 身份鉴别组件、扩展访问控制管理能力、允许使用存储加密以及增加安全审计功能等。即便如此，大部分大数据软件仍然是围绕大容量、高速率的数据处理功能开发，而缺乏原生的安全特性，在整体安全规划方面考虑不足，甚至没有良好的安全实现。

同时，在大数据系统建设过程中，现有的基础软件和应用多采用第三方开源组件。这些开源系统本身功能复杂、模块众多、复杂性很高，因此对使用人员的技术要求较高，稍有不慎，可能导致系统崩溃或数据丢失。在开源软件开发和维护过程中，由于软件管理松散、开发人员混杂，软件在发布前几乎都没有经过权威和严格的安全测试，使得这些软件大都缺乏有效的漏洞管理和恶意后门防范能力。

最后，随着物联网技术的快速发展，当前设备连接和数据规模都达到了前所未有的程度，不仅手机、电脑、电视机等传统信息化设备已连入网络，汽车、家用电器和工厂设备、基础设施等也将逐步成为互联网的终端。而在这些新终端的安全防护上，现有的安全防护体系尚不成熟，有效的安全手段还不多，急需研发和应用更好的安全保护机制。

3. 应用访问控制愈加困难

大数据应用的特点之一是数据类型复杂、应用范围广泛，它通常要为来自不同组织或部门、不同身份与目的的用户提供服务。因而随着大数据应用的发展，其在应用访问控制方面也面临着巨大的挑战。

首先是用户身份鉴别。大数据只有经过开放和流动，才能创造出更大的价值。目前，政府部门、央企及其他重要单位的数据正在逐步开放，或开放给组织内部不同部门使用，或开放给不同政府部门和上级监管部门，或者开放给定向企业和社会公众使用。数据的开放共享意味着会有更多的用户可以访问数据。大量的用户以及复杂的共享应用环境，导致大数据系统需要更准确地识别和鉴别用户身份，而传统基于集中数据存储的用户身份鉴别难以满足安全需求。

其次是用户访问控制。目前常见的用户访问控制是基于用户身份或角色进行的，而在大数据应用场景中，由于存在大量未知的用户和数据，预先设置角色及权限十分困难。即使可以事先对用户权限分类，但由于用户角色众多，难以精细化和细粒度地控制每个角色的实际权限，从而导致无法准确为每个用户指定其可以访问的数据范围。

再次是用户数据安全审计和追踪溯源。针对大数据量时的细粒度数据审计能力不足，用户访问控制策略需要创新。当前常见的操作系统审计、网络审计、日志审计等软件在审计粒度上较粗，不能完全满足复杂大数据应用场景下审计多种数据源日志的需求，尚难以达到良好的溯源效果。

4. 基础密码技术亟待突破

随着大数据的发展，数据处理环境和相关角色与传统的数据处理有很大的不同，如在大数据应用中，常常使用云计算、分布式等环境来处理数据，相关角色包括数据所有者、应用服务提供者等。在这种情况下，数据可能被云服务提供商或其他非数据所有者访问和处理，他们甚至能够删除和篡改数据，这给数据的保密性和完整性保护方面带来了极大的安全风险。

密码技术作为信息安全技术的基石，也是实现大数据安全保护与共享的基础。面对日益发展的云计算和大数据应用，现有密码算法在适用场景、计算效率以及密钥管理等方面存在明显不足。为此，针对数据权益保护、多方计算、访问控制、可追溯性等多方面的安全需求，近年来提出了大量的用于大数据安全保护的密码技术，包括同态加密算法、完整性校验、密文搜索和密文数据去重等，以及相关算法和机制的高效实现技术。为更好地保护大数据，这些基础密码技术亟待突破。

1.2.2 数据安全和个人信息保护

大数据中包含了大量的数据，其中又蕴含着巨大的价值。数据安全和个人信息保护是大数据应用和发展过程中必须面临的重大挑战。

1. 数据安全保护难度加大

大数据拥有大量的数据，从而更容易成为网络攻击的目标。在开放的网络化社会，蕴含着海量数据和潜在价值的大数据更受黑客青睐，近年来邮箱账号、社保信息、银行卡号等数据大量被窃的安全事件也频繁爆出。分布式的系统部署、开放的网络环境、复杂的数据应用和众多的用户访问，都使得大数据在保密性、完整性、可用性等方面面临更大的挑战。

针对数据的安全防护，应当围绕数据的采集、传输、存储、处理、交换、销毁等生命周期阶段进行。针对不同阶段的不同特点，应当采取适合该阶段的安全技术进行保护。如在数据存储阶段，大数据应用中的数据类型包括结构化、半结构化和非结构化数据，且半结构化和非结构化数据占据相当大的比例。因此在存储大数据时，不仅仅要正确使用关系型数据库已有的安全机制，还应当为半结构化和非结构化数据存储设计安全的存储保护机制。

2. 个人信息泄露风险加剧

由于大数据系统中普遍存在大量的个人信息，在发生数据滥用、内部偷窃、网络攻击等安全事件时，常常伴随着个人信息泄露。另一方面，随着数据挖掘、机器学习、人工智能等技术的研究和应用，人们的大数据分析能力越来越强大。由于海量数据本身就蕴藏着价值，在对大数据中多源数据进行综合分析时，分析人员更容易通过关联分析挖掘出更多的个人信息，从而进一步加剧了个人信息泄露的风险。在大数据时代，要对数据进行安全保护，既要注意防止因数据丢失而直接导致的个人信息泄露，也要注意防止因挖掘分析而间接导致的个人信息泄露，这种综合保护需求带来的安全挑战是巨大的。

在大数据时代，不能禁止外部人员挖掘公开、半公开信息，即使想限制数据共享对象、合作伙伴挖掘共享的信息，也很难做到。目前，各社交网站均不同程度地开放其所产生的实时数据，其中既可能包括商务、业务数据，也可能包括个人信息。市场上已经出现了许多监测数据的数据分析机构。这些机构通过数据挖掘分析，并与历史数据对比分析，以及同其他手段得到的公开、私有数据进行综合挖掘分析，可能得到非常多的新信息，如分析某个地区的经济趋势、某种流行病的医学分析，甚至直接分析出某具体个人信息。因此，在大数据环境下，对个人信息的保护将面临极大的挑战。

3. 数据真实性保障更困难

在大数据的特点中，类型多是指数据种类和来源非常多。实际上，在当前的万物互联时代，数据的来源非常广泛，各种非结构化数据、半结构化数据与结构化数据混杂在一起。数据采集者将不得不接受的现实是：要收集的信息太多，甚至很多数据不是来自第一手收集，而是经过多次转手之后收集到的。

从来源上看，大数据系统中的数据来源可能来源于各种传感器、主动上传者以及公开网站。除了可信的数据来源外，也存在大量不可信的数据来源。甚至有些攻击者会故意伪造数据，企图误导数据分析结果。因此，对数据的真实性确认、来源验证等需求非常迫切，数据真实性保障面临的挑战更加严峻。

事实上，基于采集终端性能限制、鉴别技术不足、信息量有限、来源种类繁杂等原因，对所有数据进行真实性验证存在很大的困难。收集者无法验证到手的数据是否是原始数据，甚至无法确认数据是否被篡改、伪造。那么产生的一个问题是，依赖于大数据进行的应用很可能得到的结果是错误的。因此，在大数据环境下，对数据真实性保障面临巨大的挑战。

4. 数据所有者权益难保障

数据脱离数据所有者控制将损害数据所有者的权益。在大数据应用过程中，数据的生命周期包括采集、传输、存储、处理、交换、销毁等阶段，在每个阶段中数据可能会被不同角色的用户所接触，会从一个控制者流向另一个控制者。因此，在大数据应用流通过程中，会出现数据拥有者与管理者不同、数据所有权和使用权分离的情况，即数据会脱离数据所有者的控制而存在。从而，数据的实际控制者可以不受数据所有者的约束而自由地使用、分享、交换、转移、删除这些数据，也就是在大数据应用中容易存在数据滥用、权属不明确、安全监管责任不清晰等安全风险，而这将严重损害数据所有者的权益。

数据产权归属分歧严重。数据的开放、流通和共享是大数据产业发展的关键，而数据的产权清晰是大数据共享交换、交易流通的基础。但是，在当前的大数据应用场景中，存在数据产权不清晰的情况。如大数据挖掘分析者对原始数据集进行处理后，会分析出新的数据，这些数据的所有权到底属于原始数据所有方，还是属于挖掘分析者，目前在很多应用场景中还是各执一词，没有明确的说法。又如在一些提供交通出行、位置服务的应用中，服务提供商在为客户提供导航、交通工具等服务时，同时记录了客户端运动轨迹信息，对于此类运动轨迹信息的权属到底属于谁，以及是否属于客户端个人信息，到目前为止，分歧仍然比较大。对此类数据权属不清的数据，首要解决的是数据归谁所有、谁能授权等问题，才能明确数据能用来干什么、不能用来干什么，以及采用什么安全保护措施，尤其是当数据中含有重要数据或个人信息的时候。

1.2.3　国家社会安全和法规标准

大数据正日益对全球经济运行机制、社会生活方式和国家治理能力产生重要影响。全球范围内，运用大数据推动经济发展、完善社会治理、提升政府服务和监管能力正成为趋势。与此同时，随着大数据的应用和发展，数据量越来越大、内容越来越丰富、交流领域越来越广、应用越来越重要，大数据的安全问题引发了世界各国的普遍担忧。可以说，大数据时代的到来在给我们带来机遇的同时，也给国家安全、社会治理以及法规标准制定等带来了巨大的挑战。

1. 国家安全深受大数据影响

国家安全是伴随着国家的出现而产生的，它是一个国家生存和发展的前提。随着时代发展，当前国家安全的内容已十分丰富，包含政治安全、国土安全、军事安全、经济安全、文化安全、社会安全、科技安全、信息安全、生态安全、资源安全、核安全等内容。这些内容相互联系、相互作用，影响着整个国家安全。

大数据不仅仅带来了技术和产业的变更，更是改变了我们的工作方式、生活方式乃至思维模式。大数据是信息化发展的新阶段，运用大数据可以提升国家治理现代化水平，通过建立健全大数据辅助科学决策和社会治理的机制，有助于推进政府管理和社会治理模式创新。

信息技术与经济社会的交汇融合引发了数据迅猛增长，数据已成为国家基础性战略资源。同时，大数据的应用范围越来越广泛，国家的政治、经济、军事、文化等各个领域都离不开数据和数字基础设施。各类大数据平台承载着海量的数据资源，其中不乏大量敏感资源和重要数据，必然会成为包括黑客在内的各类敌对势力对一个国家进行网络攻击的重要目标。实际上，各类数据已经成为一些不法分子和敌对势力用来策划、实施、推动各种违法犯罪活动的理想工具，对国家安全和社会稳定造成了巨大的威胁。上升到国家战略层面，涉及国计民生的关键信息基础设施的大数据资源一旦受到破坏，将给国家在政治、经济、军事等各领域带来巨大的损失。

面对汹涌的数据洪流，站在国家安全的角度来思考和研究大数据安全，已经成为一个紧迫而现实的挑战。大数据全球化、开放化的特点，使国家的“信息边疆”不断拓展和延伸。大数据安全和国家安全息息相关，没有大数据安全，就没有真正意义上的国家安全。

2. 社会治理面临大数据挑战

大数据应用能够揭示传统技术方式难以展现的关联关系，推动政府数据开放共享，促进社会事业数据融合和资源整合，将极大提升政府整体数据分析能力，为有效处理复杂社会问题提供新的手段。建立“用数据说话、用数据决策、用数据管理、用数据创新”的管理机制，实现基于数据的科学决策。但是，从我国信息化发展的现实情况看，“不敢共享开放”“不会共享开放”的情况依然较为普遍。相关人员担心数据共享开放会引起信息安全问题，担心数据泄密和失控。因此，加强大数据环境下的网络安全问题研究和基于大数据的网络安全技术研究，建立健全大数据安全保障体系，切实保障数据安全，才能确保大数据“敢共享开放”和“会共享开放”，才能真正促进社会发展。

此外，社会治理创新是我国应对社会转型、化解社会矛盾、协调利益关系所面临的一项重大战略任务。针对目前社会治理领域普遍存在的一些问题，大数据技术通过对海量数据的快速收集与挖掘、及时研判与共享，成为支持社会治理科学决策和准确预判的有力手段，为转型期的社会治理带来了新机遇。而现实问题是，在大数据时代，可以说每个人都是数据的制造者、传递者和消费者，大量现实问题在虚拟的网络环境中讨论和传播，其中不乏存在大量的误导、篡改及谣传的信息。一方面，这些虚假、错误的信息进入社会治理的数据集后，将会误导基于大数据的科学决策，影响社会治理重点和效果；另一方面，若虚假、错误的信息不被及时发现和处理，极有可能带来恶劣的负面效果，甚至导致社会群体性事件。因此，如何甄别大数据中虚假和错误的信息给社会治理带来了巨大挑战。

3. 大数据安全法规标准尚需完善

大数据应用的场景越来越多，越来越重要，因此，要科学规范地利用大数据并切实保障数据安全，这在完善法规制度和标准体系方面也将面临着不小的挑战。

一方面，大数据的发展推动了经济发展，但也给监管和法律带来了新的挑战。法律带来的是稳定的预期和权利义务关系的平衡。大数据以及它给政治、经济、社会带来的深刻变革，终将需要法律规范的保障。《促进大数据发展行动纲要》指出，推进大数据健康发展，要加强政策、监管、法律的统筹协调，加快法规制度建设。要制定数据资源确权、开放、流通、交易相关法规，完善数据产权保护法规。通过积极研究数据开放、保护等方面的法规，有利于实现对数据资源的采集、传输、存储、处理、交换、销毁的规范管理，可以促进数据在风险可控原则下最大程度开放，明确市场主体大数据的权限及范围，界定数据资源的所有权及使用权，加强对数据滥用、侵犯个人信息安全等行为的管理和惩戒。如通过制定个人信息方面的法规制度细则，可以界定哪些数据属于个人信息，如非法使用则将受到相应的惩戒；又如通过制定跨境数据流动方面的法规制度细则，可以加速形成跨境数据安全流动框架，明确相应的部门职责、数据分类管理要求，以及数据主体的权利和义务等。

另一方面，大数据的发展也给标准规范配套带来了新的挑战。标准是法规制度的支撑，肩负着规范市场客体质量和技术要求的重要职能。因此，除了在立法层面要明确数据保护方面的法规外，还应制定相应的数据采集、存储、处理、推送和应用的标准规范。通过制定符合实际的大数据应用和安全标准，能有效促进大数据安全应用，从而既能引导、规范、促进大数据的发展，又确保了数据开放共享、个人信息保护需求和安全保障需求之间的平衡。如制定了个人信息分类、责任原则、保护要求和安全评估方面的标准内容，有利于更好地规范实施个人信息的安全采集、存储和处理过程，防止个人信息被误用和滥用；又如制定了数据确权、访问接口、服务安全要求等标准内容，有利于建立安全的大数据市场交易体系，促进大数据交易流通的发展。

1.3 大数据安全现状

1.3.1 国家安全法

随着互联网时代的到来，国家安全甚至可能受到信息战的威胁。各个国家的信息设施和重要机构，包括能源、交通、金融、商业等重要基础设施与军事设备等都依赖信息网络，海量数据的采集、传输、存储、处理过程都存在遭受攻击的可能性，信息设施和重要机构等都可能成为攻击目标。若数据管理和技术防范不当，大数据还可能成为网络恐怖主义利用的新资源，网络恐怖主义可通过分析工具窃取无所不在的数据资源，获取情报，进而威胁国家安全。

为了维护国家安全和社会稳定，我国于 2015 年 7 月 1 日正式公布并实施《中华人民共和国国家安全法》，其中第二十五条规定：国家建设网络与信息安全保障体系，提升网络与信息安全保护能力，加强网络和信息技术的创新研究和开发应用，实现网络和信息核心技术、关键基础设施和重要领域信息系统及数据的安全可控；加强网络管理，防范、制止和依法惩治网络攻击、网络入侵、网络窃密、散布违法有害信息等网络违法犯罪行为，维护国家网络空间主权、安全和发展利益。

为防止信息泄露带来的危害，保障个人、行业和国家的数据安全，我国大数据法治建设已迫在眉睫。

第一，构建大数据安全政府监管和行业自律机制。一是构建国家部委行业监管和行政区域监管的矩阵式监管体系，层层落实安全管理责任。二是加强分类分级管理，实施大数据等级保护制度。三是充分发挥行业自律作用，建立行业内互相监督机制，政府监管和行业自律相互协同、形成合力。

第二，建立适应大数据发展的法律法规体系。一是加快立法调研工作。二是在调研的基础上制定适应我国大数据发展的法律法规。三是加大对数据滥用、侵犯个人隐私、恶意利用数据危害社会稳定和国家安全等行为的打击和惩戒力度。四是积极参与国际大数据安全规则和标准的制定。

第三，健全大数据安全技术标准和认证机制。一是从国家层面尽快制定统一的大数据安全技术标准。二是在国家统一大数据技术标准上，深入制定行业和区域的技术规范和防护标准。三是实施大数据安全认证机制，建立健全我国大数据安全认证体系。

第四，推动大数据安全产业和人才培养同步蓬勃发展。一是通过加大资金投入、设立国家大数据安全基金等方式推动大数据安全技术研发。二是助推大数据安全产品和服务产业创新发展。三是建议国家实施大数据安全人才战略，为我国大数据安全发展提供强大的人才支撑和保障。

第五，加强大数据安全保护的宣传教育。一是通过各种渠道对公众开展个人信息安全和隐私保护教育。二是对大数据平台单位相关人员加强职业道德和法律法规等方面的教育。三是国家设立大数据安全日，对广大民众、单位团体进行数据安全保护宣传和教育。四是建立大数据安全申诉渠道和举报机制，形成共享共治的良好社会氛围。

1.3.2 网络安全法

大数据安全已经成为网络安全领域绕不开的话题。《中华人民共和国网络安全法》(以下简称《网络安全法》) 自 2017 年 6 月 1 日起施行，该法律是我国网络安全领域第一部基础性法律，是我国网络安全基本法，对我国网络安全保障工作做出了系统规定。

网络安全法定义网络数据为通过网络收集、存储、传输、处理和产生的各种电子数据，并鼓励开发网络数据安全保护和利用技术，促进公共数据资源开放，推动技术创新和经济社会发展。在网络数据安全保障方面，网络安全法规定，要求网络运营者采取数据分类、重要数据备份和加密等措施，防止网络数据被窃取或者篡改，加强对公民个人信息的保护，防止公民个人信息被非法获取、泄露或者非法使用，要求关键信息基础设施的运营者在境内存储公民个人信息等重要数据，当网络数据确实需要跨境传输时，需要经过安全评估和审批。

1. 个人信息保护空前强化

《网络安全法》高度重视跟大数据安全紧密相关的个人信息保护，必将使我国个人信息保护提升到新高度。首先，《网络安全法》单设一章（第四章“网络信息安全”），重点规范个人信息保护。该章的11条规定里有7条是针对个人信息保护的，着墨分量之重、法律效力之高前所未有。2012年年底通过的《全国人民代表大会常务委员会关于加强网络信息保护的决定》虽也重点对个人信息进行了规范，但该决定还没有达到基本法的层级。

其次，《网络安全法》率先在法律层面对个人信息进行了明确定义。《网络安全法》规定：“个人信息，是指以电子或者其他方式记录的能够单独或者与其他信息结合识别自然人个人身份的各种信息，包括但不限于自然人的姓名、出生日期、身份证件号码、个人生物识别信息、住址、电话号码等。”这就为后续执法提供了明确的依据。

最后，《网络安全法》及时地对个人信息收集和使用范围做出了限制。在当今大数据时代，业界一贯秉持“数据是财富”“收集一切能收集的信息”等理念，对很多没必要的数据也进行了收集。因此，《网络安全法》第41条提出了要求：“网络运营者不得收集与其提供的服务无关的个人信息，不得违反法律、行政法规的规定和双方的约定收集、使用个人信息，并应当依照法律、行政法规的规定和与用户的约定，处理其保存的个人信息。”这就使得无论是政府还是企事业单位，不能再超范围收集不必要的个人信息，个人也可以依法追究信息收集者的违法行为。事实上，在《网络安全法》出台前，工信部已于2013年出台了《电信和互联网用户个人信息保护规定》，对行业内用户个人信息保护进行了详细规定。《网络安全法》将成为更高层级的执法依据。

2. 跨境数据传输安全评估将成重要手段

在大数据安全领域，如何规范数据跨境传输一直是一个棘手的难题，也是大数据发展过程中必然要面对和解决的。从全球范围看，不少国家和地区对数据跨境传输做出了规定，最典型的是欧盟早期的“安全港协议”以及升级后的“隐私盾协议”。同时，在斯诺登事件之后，包括俄罗斯、巴西、德国、印度、越南、印度尼西亚、韩国等国家都提出“数据存储本地化”的政策主张或者法律提案。我国《网络安全法》第37条规定了“关键信息基础设施的运营者在中华人民共和国境内运营中收集和产生的个人信息和重要数据应当在境内存储。因业务需要，确需向境外提供的，应当按照国家网信部门会同国务院有关部门制定的办法进行安全评估”。

可以预见，拥有关键信息基础设施的行业将涉及公共通信和信息服务、能源、交通、水利、金融、公共服务、电子政务等领域。针对具体评估办法，在《网络安全法》要求下，国家互联网信息办公室已经于2017年4月11日发布了《个人信息和重要数据出境安全评估办法（征求意见稿）》，要求“网络运营者应在数据出境前，自行组织对数据出境进行安全评估，并对评估结果负责”。关键信息基础设施涉及的行业非常广，涉及的信息系统和数据量极其庞大，未来这些行业凡是跨境的都要进行评估。因此，跨境数据传输安全评估将成为保障我国大数据安全的重要手段，成为各行业各领域的一项重要工作。

3. 大数据安全纳入“等保2.0”

《网络安全法》的出台，标志着网络安全等级保护正式进入2.0时代。在网络安全等级保护方面，《网络安全法》规定国家实行网络安全等级保护制度，网络运营者应当按照网络安全等级保护制度的要求，履行安全保护义务，保障网络免受干扰、破坏或者未经授权的访问，防止网络数据泄露或者被窃取、篡改。

国家对网络安全等级保护制度提出了新的要求，全新的《网络安全等级保护基本要求》将在完善后公开发布，基本要求涵盖6个部分的内容：安全通用要求、云计算安全扩展要求、移动互联安全扩展要求、物联网安全扩展要求、工业控制安全扩展要求以及大数据安全扩展要求。由此可见，“等保2.0”专门针对大数据安全提出了要求。这意味着在未来的网络安全等级保护实施过程中，大数据安全保护措施将得到强化，特别是关键信息基础设施的等级保护必须考虑大数据安全问题。

除了个人信息保护、跨境数据传输评估、网络安全等级保护之外，与大数据安全相关的还包括公共数据资源安全开放、数据内容安全、大数据非法交易等方面。《网络安全法》还规定：“国家鼓励开发网络数据安全保护和利用技术，促进公共数据资源开放……任何个人和组织发送的电子信息、提供的应用软件，不得设置恶意程序，不得含有法律、行政法规禁止发布或者传输的信息。”

总体而言，《网络安全法》基本覆盖了大数据安全的各个方面，是当前大数据安全防护最重要的一部法律，改变了我国网络安全领域长期以来缺乏权威的、全面的、基础的上位法的现状。未来，面对物联网、人工智能、无人机等大量依靠大数据的各类技术的成熟和普及，我国应在适当时候不断修订和完善《网络安全法》，以期不断促进和保障我国各行各业安全有序地发展。

1.3.3 大数据安全管理指南

随着大数据的应用和分析，大数据的价值不断提升，安全问题受到高度重视。2019 年 8 月 30 日，我国发布了国家标准《信息安全技术　大数据安全管理指南》，正式提出了大数据安全管理基本原则，以及数据的分类分级等。

1. 大数据安全管理基本原则

1）职责明确：组织应明确不同角色及其大数据活动的安全责任。包括设立大数据安全管理者，明确角色的安全职责和主要活动的实施主体。

2）安全合规：组织应制定策略和规程，确保数据的各项活动满足合规要求。

3）质量保障：组织在采集和处理数据的过程中应确保数据质量。

4）数据最小化：组织应保证只采集和处理满足目的所需要的最小数据。

5）责任不随数据转移：当前控制数据的组织应对数据负责，当数据转移给其他组织时，责任不随数据转移而转移。

6）最小授权：组织应控制大数据活动中的数据访问权限，保证在满足业务需求的基础上最小化权限。

7）确保安全：组织应采取适当的管理和技术措施，确保数据安全。

8）可审计：组织应事先对大数据平台和业务各环节的数据进行审计。

2. 数据的分类分级

1）分类分级原则：应满足科学性、稳定性、实用性和扩展性要求。

2）分类分级流程：结合自身业务特点，针对采集、存储和处理的数据，制定数据分类分级规范。

3）分类方法：可按数据主体、主题、业务等不同的属性进行分类。

4）分级方法：组织应对已有数据或新采集的数据进行分级，数据分级需要组织的主管领导、业务专家、安全专家等共同确定。

1.3.4 数据安全能力成熟度模型

在大数据环境下，数据突破了传统的信息系统的系统边界，数据需要在越来越多的业务环节中进行流通、融合，从而产生更大的价值。而要实现大数据环境下的数据安全保护，需要基于以数据为中心的安全思想，需要组织机构从其业务范围内的大数据全生命周期的角度出发，开展对大数据安全的保障工作。数据安全能力成熟度模型（Data Security Capability Maturity Model，DSMM）正是为了评估和度量组织机构保障大数据安全的能力而提出的。数据安全能力成熟度模型从组织建设、制度流程、技术工具、人员能力四个安全能力维度的建设进行综合考量，将数据安全能力划分成五个等级。因此，DSMM是一个三维立体模型，对数据安全进行全方位能力建设，如图1-1所示。

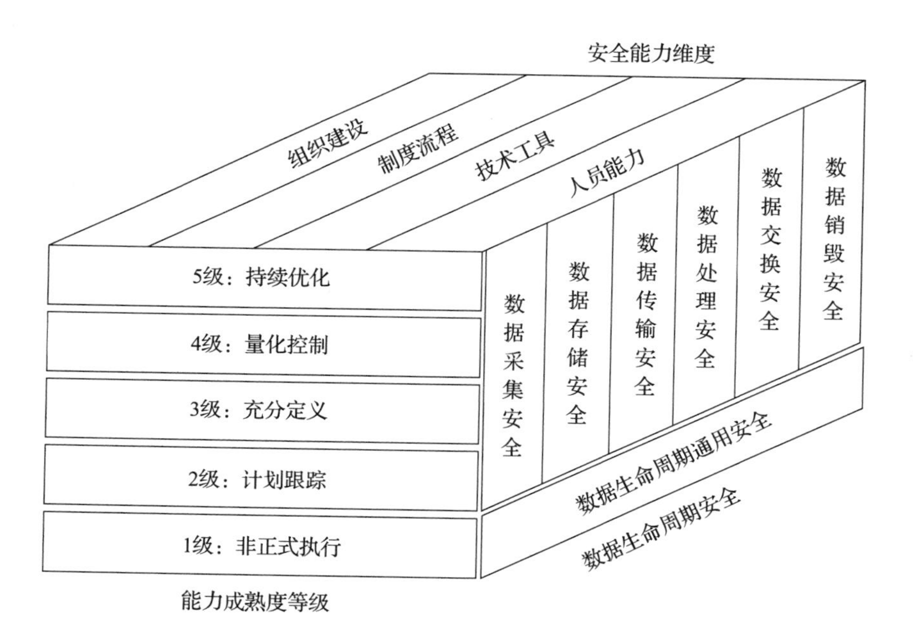

图1-1 数据安全能力成熟度模型

1. 数据生命周期

根据大数据环境下数据在组织业务中的流转情况，数据的生命周期可分为 6 个阶段，如图 1-2 所示。

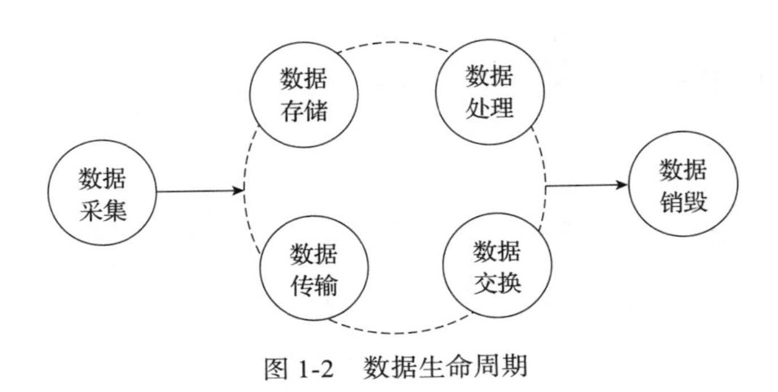

图 1-2 数据生命周期

在数据采集阶段，新的数据会产生或现有数据内容发生显著改变或更新。对于组织而言，该阶段包含组织内系统中生成的数据，也包括组织外采集的数据。该阶段包括数据的分类分级、数据采集安全管理、数据源鉴别及记录、数据质量管理等四个过程域。

非动态数据以任何数据格式进行物理存储，都属于数据存储阶段。数据存储阶段分为存储介质安全、逻辑存储安全、数据备份和恢复等三个过程域。

在数据处理阶段，针对动态数据，会进行一系列活动的组合。该阶段包括数据脱敏、数据分析安全、数据正当使用、数据处理环境安全、数据导入导出安全等五个过程域。

数据传输指数据在组织内从一个实体通过网络传输到另一个实体的过程。该阶段分为两个过程域，即数据传输加密和网络可用性管理。

数据交换指组织机构之间及其与个人进行数据交互的过程，该阶段分为数据导入导出安全、数据共享安全、数据发布安全、数据接口安全等四个过程域。

数据销毁指通过对数据及数据存储介质进行相应操作，使数据彻底丢弃且无法通过任何手段恢复的过程。该阶段包括数据销毁处置和介质销毁处置两个过程域。

注意：组织特定的数据所经历的生命周期由实际业务场景决定，并非所有数据都经历完整的六个阶段。

2. 数据安全能力维度

为了提供组织评估每项安全过程的实现能力，对组织在各项安全过程中所需具备的安全能力进行细化，包括组织建设、制度流程、技术工具和人员能力四个维度，如图 1-3 所示。

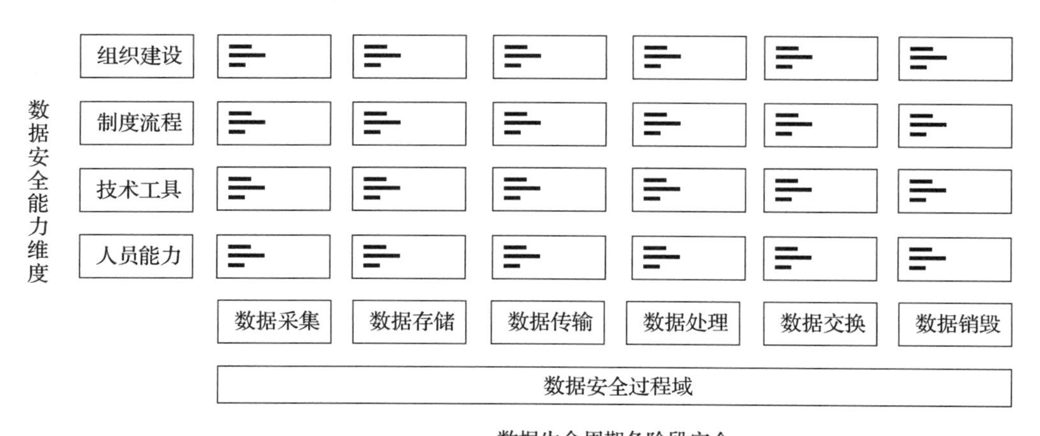

图 1-3　数据安全能力维度

组织建设，即数据安全组织机构的建立、职责分配和沟通协作。

制度流程，即组织架构关键数据安全领域的制度规范和流程落地建设。

技术工具，即通过技术手段和产品工具固化安全要求或自动化实现安全工作。

人员能力，即执行数据安全工作的人员的意识及专业能力。

3. 能力成熟度等级

组织的数据安全能力成熟度划分为 5 个等级，如图 1-4 所示。

等级 1：非正式执行，组织数据安全工作来自被动的需求或随机开展的工作，并未主动地开展数据安全工作。

等级 2：计划跟踪，组织开始评估数据安全风险并主动开展数据安全工作，但缺乏有序的管理规范。

等级 3：充分定义，组织已基于数据安全风险开展规范性工作，工作开展的效果可进行衡量，但缺乏量化分析。

等级 4：量化控制，组织的数据安全工作与业务发展保持一致，且可以获得持续的测量和控制。

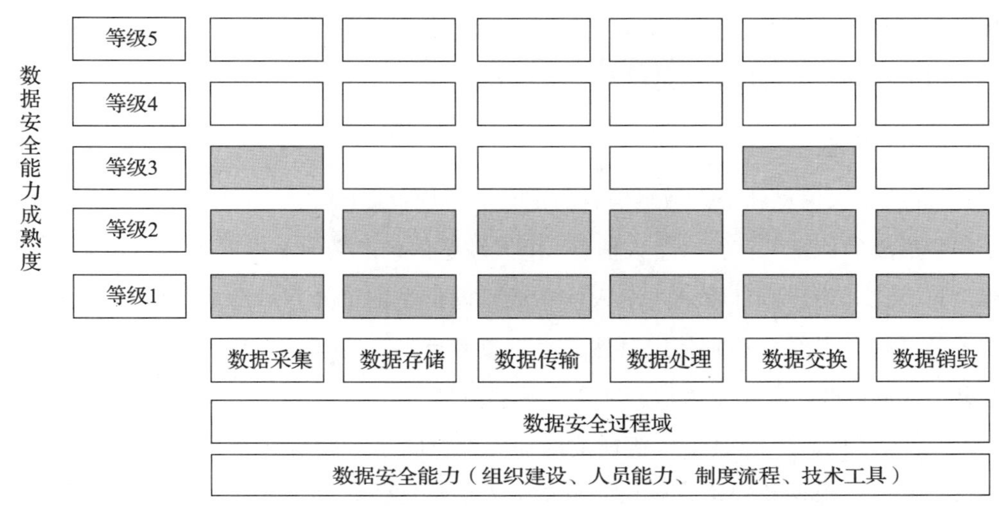

图 1-4 数据安全能力成熟度

等级 5：持续优化，组织的数据安全工作已成为持续可控的过程，能够致力于业务价值的提升。

1.3.5 个人信息安全规范

《网络安全法》是现阶段有关个人信息保护的核心法规，但是该法规有关个人信息的规定较为基本。《信息安全技术 个人信息安全规范》（GB/T 35273—2020，以下简称“新规范”）替代了 2017 年发布的原有规范，于 2020 年 10 月 1 日正式实施。个人信息保护的一般性具体规定，更多地体现在新规范中。

1. 新规范的地位

新规范作为推荐性国家标准，虽无法律上的强制执行力，但结合其出台背景和行业实践，我们理解在现阶段新规范应作为企业网络安全、数据合规的重要指引和监管部门开展相关执法工作的重要依据。具体而言，为规范移动互联网应用程序收集、使用个人信息的行为，市场监管总局、中央网信办于 2019 年 3 月 15 日决定开展 App 安全认证工作，并发布了《移动互联网应用程序（App）安全认证实施规则》。根据该规则，App 数据安全认证的依据为新规范及相关标准、规范，即现阶段监管部门将依据新规范开展 App 相关执法工作。此外，2019 年正式发布的《儿童个人信息网络保护规定》《App 违法违规收集使用个人信息行为认定方法》等文件以及《数据安全管理办法（征求意见稿）》等相关规定均延续了新规范的思路及立法精神。

2. 修订内容

1）完善个人信息和个人敏感信息的定义。新规范提出“通过个人信息或其他信息加工处理后形成的信息”在符合个人信息 / 个人敏感信息定义的前提下属于个人信息 / 个人敏感信息，比如用户画像系通过个人信息或其他信息加工处理后形成的信息，如能够单独或者与其他信息结合识别特定自然人身份或者反映特定自然人活动情况的，则属于个人信息。这一修改扩大了个人信息和个人敏感信息的范围。

2）完善“同意”的概念。新规范增加“授权同意”的定义，并对“明示同意”定义进行了修改。根据新规范，授权同意指个人信息主体对其个人信息进行特定处理做出明确授权的行为，主要包括通过积极行为做出的明示同意和通过消极不作为做出的授权（如信息采集区域内的个人信息主体在被告知信息收集行为后仍没有离开该区域）。

3）新增多项业务功能的自主选择。原规范规定在收集个人信息前，应向个人信息主体明确告知所提供产品或服务的不同业务功能分别收集的内容和收集使用规则等，并获得个人信息主体的授权同意。由于原规范的这一规定过于原则，在实务中并未取得良好的规范效果。

在新规范中，新增了多项业务功能的自主选择，即当产品或服务提供多项须收集个人信息的业务功能时，个人信息控制者不应违背个人信息主体的自主意愿，强迫个人信息主体接受产品或服务所提供的业务功能及相应的个人信息收集请求。同时，还增加了“业务功能”的定义，即满足个人信息主体的具体使用需求的服务类型。

4）“隐私政策”名称修改为“个人信息保护政策”。《中华人民共和国民法典》将隐私权和个人信息保护进行了明确区分。新规范将“隐私政策”名称修改为“个人信息保护政策”，体现出与上位法的衔接，政策文本适用范围更加严谨、准确。

5）新增及细化个人生物识别信息的收集、存储、共享转让的要求。新规范新增并加强了个人信息控制者对个人生物识别信息的处理要求，从收集、存储、共享转让等多个环节进行了单独规定。

6）新增个性化展示的使用。新规范新增了个性化展示的使用要求。

7）细化个人信息主体权利和注销账户的相关规定。新规范将个人信息主体权利单独列为一章。另外，新规范新增注销账户时多个产品或服务之间存在必要业务关联关系以及产品或服务没有独立账户体系的场景下的具体要求。

8）新增第三方接入管理的要求。针对个人信息控制者在其产品或服务中接入具备收集个人信息功能的第三方产品或服务，但其不属于委托处理或共同个人信息控制者的情形。

9）修改个人信息安全管理要求。新规范调整了设立专职个人信息保护负责人和个人信息保护工作机构的条件，新规范新增“处理超过10万人的个人敏感信息的组织”的门槛，放宽设立专职人员的个人敏感数量条件，加强了在实践中的可执行性。

1.4 小结

本章主要介绍了大数据的相关概念和大数据的“5V”特性，分析了大数据安全面临的技术和平台方面、个人信息保护方面，以及国家社会安全和法规标准方面的挑战，最后说明了我国大数据安全发展的现状。

习题1

1. 什么是大数据？大数据有哪些特性？
2. 大数据安全有哪些属性？
3. 大数据技术和平台面临着哪些安全挑战？
4. 为什么说大数据安全影响着国家安全？
5. 大数据安全有哪些相关的法规标准？
6. 简述大数据安全管理指南的主要内容。
7. 数据安全能力成熟度模型分为哪些过程域？
8. 简述个人信息安全规范的主要内容。

第2章

大数据治理

大数据为组织带来巨大商机的同时，也向传统的数据治理方法提出了挑战。能否高效处理和应用半结构化和非结构化数据对技术架构提出了更高要求，由数据的集成、分析和处理带来的数据质量问题更加严峻。在组织寻求新技术来支撑大数据的应用，获取更大应用价值的同时，数据的开放与隐私保护、数据应用创新与风险合规等也已成为当前数据治理领域面临的巨大挑战，越来越多的组织开始重视数据治理，将数据治理视为组织发展的重要战略。因此，组织需要顺应大数据的发展，开展大数据治理，从而更好地支撑大数据技术的应用创新和价值实现，满足数据资产化的需求，保障数据质量和安全隐私，增强组织决策能力与核心竞争力。

2.1 大数据治理概述

数据治理一直是国内外研究的热点和重点，已取得了一定的成果，因切入视角和侧重点不同，数据治理的定义多达几十种，尚未形成统一标准。

2.1.1 大数据治理的概念

“大数据治理”的定义是在“数据治理”现有定义的基础上，将“数据”替换为“大数据”，稍做改变得来。这一定义并没有揭示出“大数据治理”的完整内涵和本质特征。

数据治理领域专家 Sunil Soares 在专著 *Big Data Governance：An Emerging Imperative* 中定义大数据治理为：大数据治理（Big Data Governance）是广义信息治理计划的一部分，它通过协调多个职能部门的目标来制定与大数据优化、隐私和货币化相关的策略。

该定义包含了以下六个方面：

1）大数据治理应该被纳入现有的信息治理框架内。

2）大数据治理的工作就是制定策略。

3）大数据必须被优化。

4）大数据的隐私保护很重要。

5）大数据必须被货币化，即创造商业价值。

6）大数据治理必须协调好多个职能部门的目标和利益。

该定义提出了大数据治理的重点关注领域，即大数据的优化和隐私保护，以及服务所创造的商业价值；明确了大数据治理的工作内容就是协调多个职能部门并制定策略；同时希望国际信息治理组织将其纳入现有的信息治理框架内，促进它的标准化进程。

朱扬勇教授主编的《大数据资源》给出的大数据治理定义为：大数据治理是对组织的大数据管理和利用进行评估、指导和监督的体系框架。它通过制定战略方针、建立组织结构、明确职责分工等，实现大数据的风险可控、安全合规、绩效提升和价值创造，并提供不断创新的大数据服务。

该定义包含以下四个方面的内容。

（1）大数据治理的领域

治理决策层需要在六个关键域做出决策。大数据治理的六个决策关键域分别是战略、组织、大数据架构、大数据质量、大数据安全和大数据生命周期。

（2）决策过程中的角色

根据国际数据治理研究所（Data Governance Institute，DGI）提出的数据治理框架，在企业或机构中参与决策的人，即数据治理团队，可以分为三类：一是数据利益相关者，二是数据治理委员会，三是数据管理者。

数据利益相关者通常来自具体的业务部门，负责创建和使用数据，并提出数据的业务规则和需求。数据治理委员会是数据治理的中心决策层，负责制定数据使用原则、监督实施、协调各部门的不同利益和需求，解决问题并做出最终决策。数据管理者是数据治理的执行层，负责将决策和规定落实到具体的数据管理工作中。

在大数据治理团队中，上述三种角色应该被继承。但是，大数据与普通数据有着本质上的不同，大数据存在数据量超大、类型多样、系统架构复杂、技术难度高等特点，如果不了解大数据架构和相关技术，就很难做出正确的决策并加以落实。因此，须引入具有丰富的大数据管理与技术经验的数据专家来参与决策。也即在大数据治理决策过程中，除了数据治理团队的三类角色，数据专家也应该加入治理委员会，辅助做出决策。

（3）参与决策方式

对一个企业而言，大数据治理是一个需要长期坚持并反复迭代优化的系统工程，为了保证治理决策的正确性和连续性，并被坚决贯彻和落实，须依靠制度、规范和组织的力量，最大限度地消除个人意志对决策的影响。

因此，企业须建立一套包括战略方针、制度规范、组织结构、职责分工、标准体系、执行流程等方面的大数据治理决策保障体系，确保治理团队中的各种角色都能高效地参与决策过程。

（4）大数据治理的最终目标

大数据能够为人类提供以“决策和预测支持”为代表的各种不断创新的大数据服务。在一个组织内，大数据治理能够在提升大数据各项技术指标的同时，产生一系列创新的大数据服务，并创造出商业和社会价值。这既是大数据治理与数据治理的根本区别，也是大数据治理的最终目标。

2.1.2 大数据治理的重要性

在大数据时代，数据已经成为企业所拥有的最宝贵财富之一，企业必须从庞大而宝贵的数据资产中挖掘出商业价值。然而，目前大数据管理水平还有待提高，企业在大数据的数据治理、安全和应用等方面面临着严峻的挑战。

一个企业在数据管理方面出现问题，究其根源是由于在更高的数据治理层面出现了混乱或缺失。大数据管理的业务流程往往因为缺少完善的大数据治理计划、一致的大数据治理规范、统一的大数据治理过程，以及跨部门的协同合作而变得重复和紊乱，进而导致安全风险提升和数据质量下降。企业决策层须制定一个基于价值的大数据治理计划，确保管理层可以方便、安全、快速、可靠地利用大数据支持决策和业务运营。

大数据治理对于确保大数据的优化、共享和安全是至关重要的。有效的大数据治理计划可以通过改进决策、缩减成本、降低风险和提高安全合规等方式，将价值回馈于业务，并最终体现为如下几个方面。

（1）促进大数据服务创新和价值创造

大数据的核心价值在于能够持续不断地开发出创新的大数据服务，进而为组织创造商业和社会价值。通过优化和提升大数据的架构、质量、标准、安全等技术指标，可显著推动大数据的服务创新，从而创造出更多价值。

促进大数据的服务创新和价值创造是大数据治理最重要的作用，是大数据治理与数据治理的最显著区别，也是大数据治理的最终目标。

（2）通过科学的大数据治理框架提升组织的大数据管理和决策水平

大数据治理的策略、过程、组织结构和职责分工等组件构建起大数据治理框架。它可以帮助组织在大数据治理业务范围内更有效地管理大数据，有助于协调不同组织的目标和利益，产生与业务目标相一致、更有洞察力和前瞻性、更为高效的决策。

（3）产生高质量的数据，增强数据可信度，降低成本

大数据治理要求建立大数据相关的规则、标准和过程以满足组织的业务职能，大数据治理活动必须在遵循以上规则、标准和过程的基础上加以严格执行。有效的大数据治理可以产生高质量的数据，增强数据可信度；同时，随着冗余数据的不断减少，数据质量的不断提升，以及组织间标准的推广，组织的数据相关费用也会不断降低。

（4）提高合规监管和安全控制，并降低风险

合规监管和安全控制是大数据治理的核心领域，关系到隐私保护、存取管理、安全控制，以及规范、标准或内部规定的遵守和执行。大数据治理需要坚持三个原则：第一，须在业务的法律框架内进行；第二，大数据治理政策和规则的制定应与政府和行业相关标准一致；第三，在主要业务和跨业务职能间应用一致的数据标准，为合规监管创造一个统一的处理和分析环境。

大数据治理工作需要整个组织的合作，通过有效的治理可以显著降低因不遵守法规、规范和标准所带来的安全风险。

2.1.3 国内外大数据治理现状

综合当前主流的数据治理的内涵和外延可知，数据治理主要聚焦在治理目标、职能、范围、过程与规范等方面，其本质是对企业的数据管理和利用进行评估、指导和监督，通过提供不断创新的数据服务，为企业创造价值。

（1）国际标准化组织（ISO/IEC JTC 1/SC40）

国际标准化组织 IT 服务管理与 IT 治理分技术委员会制定了 ISO/IEC 38500 系列标准，提出了信息技术治理的通用模型和方法论，并认为该模型同样适用于数据治理领域。在与数据治理规范相关的 ISO/IEC 38505 标准中，阐述了基于原则驱动的数据治理方法论，提出通过评估现在和将来的数据利用情况，指导数据治理准备及实施、监督数据治理实施的符合性等。该模型实际上是对 IT 治理方法论的进一步扩展，并未对数据治理的实施和落地提供有效的手段。IT 治理模型在数据治理中的应用如图 2-1 所示。

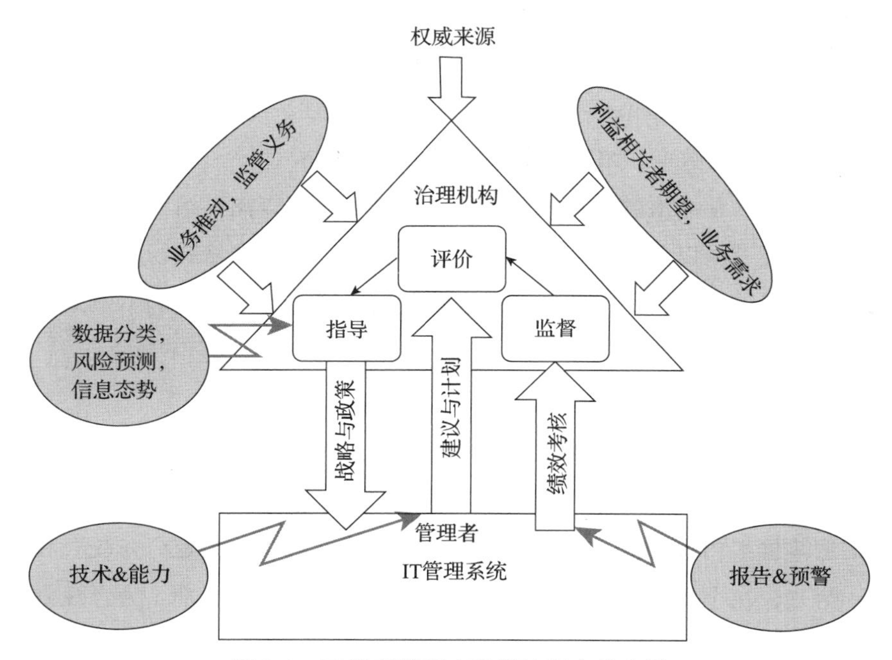

图 2-1 IT 治理模型在数据治理中的应用

（2）国际数据治理研究所（DGI）

DGI 从组织、规则和过程这三个层面总结了数据治理的十大关键要素，提出了 DGI 数据治理框架，如图 2-2 所示。该框架以直观方式展示了 10 个基本组件间的逻辑关系，形成一个从方法到实施、自成一体的完整系统。DGI 强调数据治理区别于 IT 治理，将数据治理归结为组织依据规则在数据治理范围内实施的过程，其治理目标、治理域有待进一步明确。

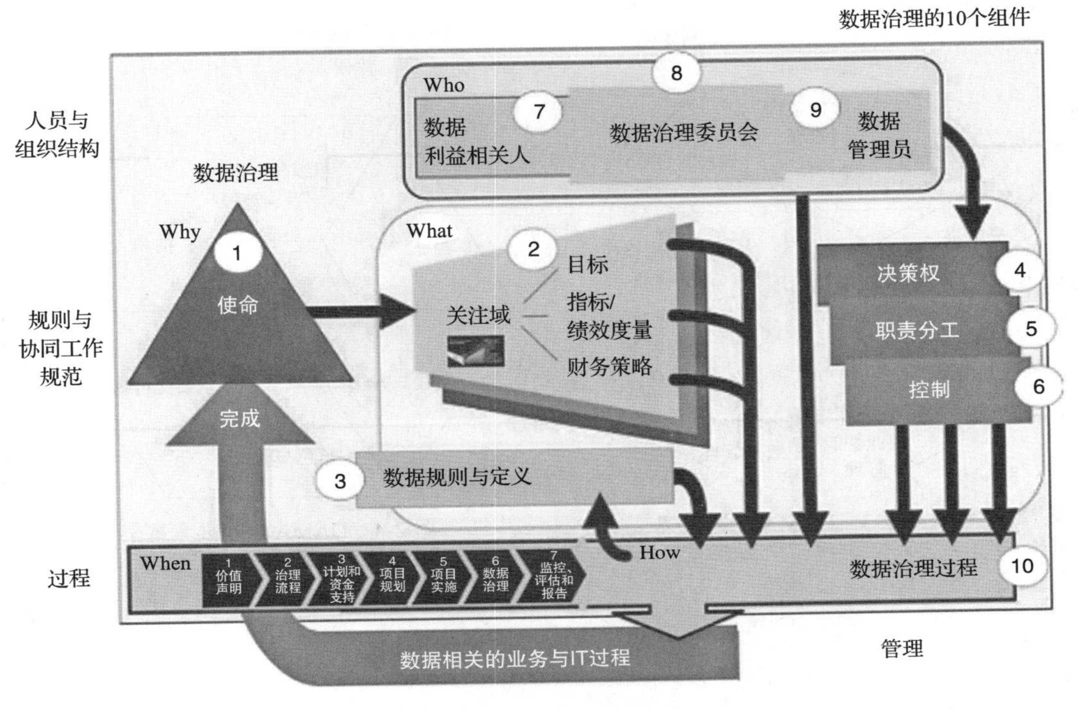

图 2-2 DGI 数据治理框架

（3）国际数据管理协会（DAMA）

DAMA 首先总结了数据治理、数据架构管理、数据开发、数据库操作管理、数据安全管理等十大数据管理功能，如图 2-3 所示，其中数据治理位于数据管理的核心位置。然后阐述了数据治理的七大环境要素，包括目标与原则、活动、主要交付物、角色与职责、技术、实践与方法、组织与文化，如图 2-4 所示。最终建立了十大功能和七大环境要素之间的对应关系，认为数据治理的重点就是解决十大功能与七大要素之间的匹配。也就是说，数据治理是对数据资产管理行使权力和控制，包括规划、监控和执法。

（4）信息技术服务分会（ITSS）

ITSS 是国内信息技术服务领域的信息技术治理和数据治理的标准制定和研究机构。ITSS 相关机构在研究数据治理原则的基础上提出了数据治理的框架，如图 2-5 所示，明确了数据治理域、数据治理的促成因素和内外部环境，并明确数据治理的任务和过程，旨在评估组织数据管理能力的成熟度，指导组织建立数据治理体系，并监督数据管理体系的建设和完善。

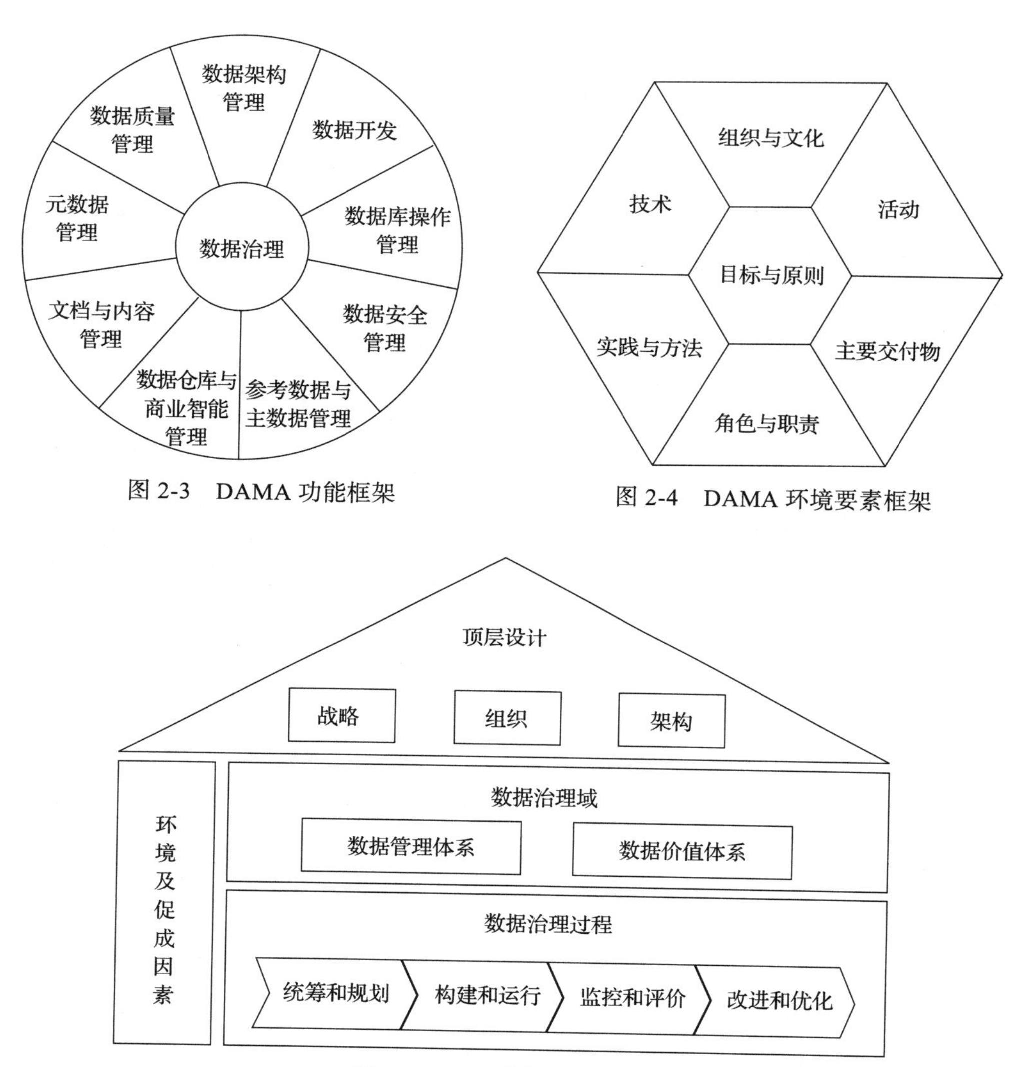

图 2-3　DAMA 功能框架

图 2-4　DAMA 环境要素框架

图 2-5　ITSS 数据治理框架

各研究机构在两个方面取得了突破性理论成果：一是数据治理的范围（或关键域）；二是数据治理的原则和促成因素。在数据治理理论的不断创新和发展过程中，各研究机构始终致力于从治理范围、原则和促成因素两个方面构建一个独立的、系统的数据治理理论框架。

2.2 大数据治理的原则和范围

2.2.1 大数据治理的原则

大数据治理原则是指大数据治理所遵循的、首要的、基本的指导性法则。大数据治理原则对大数据治理实践起指导作用，只有将原则融于实践过程中，才能实现大数据治理的战略和目标。

（1）战略一致

在大数据治理的过程中，大数据战略应与组织的整体战略保持一致，满足组织持续发展的需要。大数据治理可以使组织深刻理解大数据的重要价值，并根据业务需求持续改进大数据质量，提高大数据利用率，为业务创新和战略决策提供有力的支持，并最终实现服务创新和创造价值。

为了保证大数据治理的战略一致性，组织领导者应：

1）制定大数据治理的目标、策略和方针，使大数据治理不仅能应对大数据的机会和挑战，也能满足组织的战略目标。

2）了解大数据治理的整个过程，确保大数据治理达到预期的目标。

3）评估大数据治理过程，确保大数据治理目标在不断变化的环境下与组织的战略目标保持一致。

（2）风险可控

大数据既是组织的价值来源，也是风险来源。有效的大数据治理有助于避免决策失败和经济损失，有助于降低合规风险。在大数据治理过程中，组织应有计划地开展风险评估工作，重点关注安全和隐私问题，防止未授权或不恰当地使用数据。

为实现风险可控，在大数据治理过程中组织应：

1）制定风险相关的策略和政策，将风险控制在可承受范围内。

2）监控和管理关键风险，降低其对组织的影响。

3）通过风险管理制度和政策来审查应用大数据所产生的风险。

（3）运营合规

在大数据治理过程中，组织应符合国内外法律法规和行业相关规范。通过运营合规，组织可有效提升自身信誉，并增强自身在不同监管环境下的生存能力和竞争力。

为满足运营合规要求，在大数据治理过程中组织应：

1）建立长效机制来了解大数据相关的监管要求，并制定沟通政策，将合规性要求传达给所有相关人员。

2）通过评估、审计等方式，对大数据生命周期进行环境、隐私等内容的合规性监控。

3）将合规性评估融入大数据治理过程中，以保证符合法律法规的要求。

（4）绩效提升

大数据治理需要有相应的资源来支持规则创建、解决冲突和大数据保护，从而为战略和业务提供高质量的大数据服务，组织要考虑合理运营有限的资源，满足当前和未来组织对大数据应用的要求。

为实现绩效提升，在大数据治理过程中组织应：

1）按照业务优先级分配资源，以保证大数据满足组织战略的需要。

2）实时了解大数据对业务的支持程度，并根据组织发展的要求及时调整资源分配，使大数据应用满足业务的需要。

3）评估大数据治理的过程和结果，保证大数据治理活动可实现组织的绩效目标。

2.2.2　大数据治理的范围

大数据治理范围共包括六个关键域，即战略、组织、大数据质量、大数据生命周期、大数据安全和大数据架构。大数据治理范围中的这六个关键域既是大数据管理活动的实施领域，也是大数据治理的重点关注领域。大数据治理即对关键域内的管理活动进行评估、指导和监督，确保管理活动满足治理的要求，如图2-6所示。

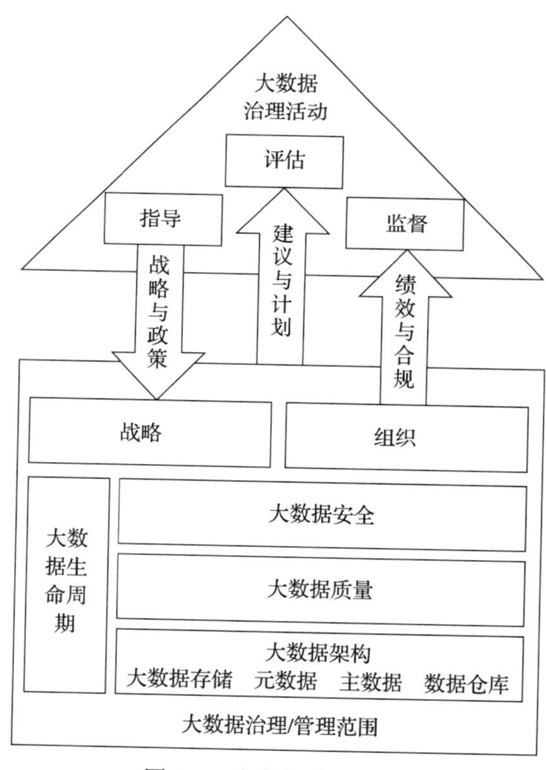

图2-6　大数据治理范围

从活动的角度看，大数据治理是对大数据管理进行评估、指导和监督的活动，大数据管理是按照大数据治理设定的方向和目标对大数据资源进行计划、建设、运营和监控的活动。大数据治理指导如何正确履行大数据管理职能，它在更高层次上执行大数据管理政策。大数据治理通过对大数据管理的评估、指导和监督，实现两者的协同一致。

（1）战略

在大数据时代，大数据战略在组织战略规划中的比重和重要程度日益增加，大数据为组织战略转型带来机遇的同时也带来很多挑战。在制定大数据战略时，组织须以大数据的服务创新和价值创造为最终目标，根据业务模式、组织结构和文化、信息化程度等因素进行战略规划。

（2）组织

在大数据环境下，大数据战略通过授权、决策权和控制来影响组织结构，其中控制是通过组织结构设计来督促员工完成组织的战略和目标，而授权和决策权则会直接影响组织结构的形式。组织应建立明确大数据治理的组织结构，明确相关职责，以落实大数据战略，提高组织的协同性。

（3）大数据质量

在不同的业务场景中，数据消费者对数据质量的需求不尽相同，有些关注数据的准确性和一致性，有些关注数据的实时性和相关性。数据只要能满足使用目的，就可以说符合质量要求。

（4）大数据生命周期

大数据生命周期是指大数据从产生、获取到销毁的全过程。大数据生命周期管理是指组织在明确大数据战略的基础上，定义大数据范围，确定大数据采集、存储、整合、呈现与使用、分析与应用、归档与销毁的流程，并根据数据和应用的状况，对该流程进行持续优化。

传统数据的生命周期管理以节省存储成本为出发点，注重的是数据的存储、备份、归档和销毁。在大数据时代，云计算技术的发展降低了数据的存储成本，使数据生命周期管理的目标发生了变化。大数据生命周期管理重点关注的是如何在成本可控的情况下，有效地管理并使用大数据，从而创造更多的价值。

（5）大数据安全

大数据具有大规模、高速和多样性等特征，从而将传统数据的安全隐私问题显著放大，导致前所未有的安全隐私挑战。大数据安全隐私保护是指通过规划、制定和执行大数据安全规范和策略，确保大数据资产在使用过程中具有适当的认证、授权、访问和审计等的控制措施。

组织应建立有效的大数据安全策略和流程，确保合适的人员以合适的方式使用和更新数据，限制所有不合规的访问和更新，以满足大数据利益相关者的隐私保护需求。大数据是否被安全可靠地使用将直接影响客户、供应商、监管机构等相关方面对组织的信任程度。

（6）大数据架构

数据架构是系统和软件架构层面的描述，主要是从系统设计和实现的视角来看数据资源和信息流。数据架构定义了信息系统架构中所涉及的实体对象的数据表示和描述、数据存储、数据分析的方式及过程，以及数据交换机制、数据接口等内容。

大数据架构是指在组织的视角下，针对大数据相关的基础设施、存储、计算、管理、应用等所进行的分层和组件化描述，它为业务需求分析、系统功能设计、技术架构研发、服务模式创新及价值实现的过程提供指导。

2.3　大数据架构

在大数据领域，大数据架构描述了技术和应用视角下的核心组件，以及组件之间的分层关系和应用逻辑。

大数据架构一般包括大数据基础资源层、大数据管理与分析层、大数据应用层这三部分，如图2-7所示。大数据基础资源层位于大数据架构的底层，是大数据架构的基础，主要包含大数据相关的基础设施资源、分布式文件系统、非关系型数据库（NoSQL）和数据资源管理等；大数据管理与分析层位于大数据架构的中间，是大数据架构的核心，主要包含元数据、数据仓库、主数据和大数据分析等；大数据应用层是大数据价值的最终体现，包含大数据接口技术、大数据可视化技术，以及大数据交易与共享、基于开放平台的数据应用和基于大数据的应用工具。

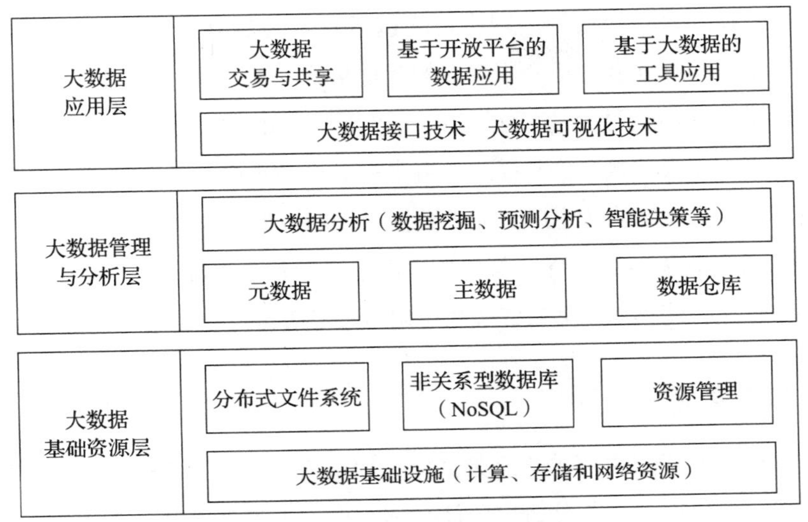

图 2-7 大数据架构参考模型

2.3.1 大数据基础资源层

大数据基础设施主要包含大数据的计算、存储和网络资源。数据量巨大是大数据的主要特征之一，为支撑海量数据的管理、分析、应用和服务，大数据需要大规模的计算、存储和网络基础设施资源。

大数据基础设施硬件主要基于商用服务器的集群。通用化的集群可以结合其他类型的并行计算设施一起工作，如基于多核的并行处理系统、混合式大数据并行处理构架和硬件平台等。此外，随着云计算技术的发展，大数据基础设施硬件平台也可以与云计算平台结合使用，运用云计算平台中的虚拟化和弹性资源调度技术，为大数据处理提供可伸缩的计算资源和基础设施。

软件定义是大数据基础设施的发展方向之一。软件定义是希望把原来一体化的硬件设施拆散，变成若干个部件，并为这些基础的部件建立虚拟化的软件层。软件层对整个硬件系统进行更为灵活、开放和智能的管理与控制，实现硬件的软件化、专业化和定制化。同时对应用提供统一、完备的 API，暴露硬件的可操控成分，实现硬件的按需管理。

分布式文件系统（Distributed File System）是指文件系统管理的物理存储资源不一定直接连接在本地节点上，而是通过计算机网络与节点相连。分布式文件系统的设计基于客户机/服务器模式。一个典型的网络可能包括多个供多用户访问的服务器。另外，对等特性允许一些系统扮演客户机和服务器的双重角色。

NoSQL数据库摒弃了关系模型的约束，弱化了一致性的要求，从而获得了水平扩展能力，可支持更大规模的数据。其模式自由（Schema Free），催生了多种多样的数据库类型，比较常用的是类表结构数据库、文档数据库、图数据库和键–值存储。

资源的本质是竞争性的，资源管理的本质是在困难的情况下，在一系列条件的约束下，寻找可行解的问题。不同类型资源的应用一起部署可以提高总体资源利用率。

2.3.2　大数据管理与分析层

大数据管理与分析层主要包含元数据、数据仓库、主数据、大数据分析等内容。基于元数据管理，大数据管理与分析层关注数据仓库、主数据以及基于主数据的分析，从而发掘大数据的潜在信息，实现大数据价值。

元数据（metadata）是关于数据的组织、数据域及其关系的信息，是关于数据的数据（data about data）。元数据是信息资源描述的重要工具，可以用于信息资源管理的各个方面，包括信息资源的建立、发布、转换、使用、共享等。

元数据管理（meta-data management）是关于元数据创建、存储、整合与控制等一整套流程的集合。元数据管理系统把整个业务的工作流、数据流和信息流有效地管理起来，使得系统独立于特定的开发人员，提高了系统的可扩展性。

数据仓库是为企业所有级别的决策制定过程提供所有类型数据支持的战略集合。它是单个数据存储，出于分析性报告和决策支持目的而创建。数据仓库主要有数据采集、数据存储与管理，以及结构化数据、非结构化数据和实时数据管理等功能，其与元数据管理有着较深的依赖关系，元数据能提供基于用户的信息，支持系统对数据的管理和维护。

主数据（Master Data，MD）是指在整个企业范围内各个系统（操作/事务性应用系统以及分析型系统）间要共享的数据，如客户、供应商、账户及组织单位相关的数据。在传统的数据管理中，主数据依附于各个单独的业务系统，相对分散。数据的分散会造成数据冗余、数据编码不统一、数据不同步、产品研发的延迟等问题。因此，为保证主数据在整个企业范围内的一致性、完整性和可控性，需要对其进行管理。

主数据管理构建于 ETL（Extract Transform Load）或 EII（Enterprise Information Integration）等技术之上，是数据管理的一种高级形式。主数据管理平台一般包含数据抽取、数据加载、数据转换、数据质量管理、数据复制和数据同步等功能。主数据管理可以帮助创建并维护主数据的单一视图，保证单一视图的准确性、一致性以及完整性，从而提供统一的业务实体定义，简化和改进流程并响应业务需求。

大数据通过分析，可以获取更多智能的、深入的、有价值的信息。越来越多的应用涉及大数据。大数据的属性与特征，包括数量、速度、多样性等，呈现了不断增长的复杂性，使得大数据的分析方法愈加重要，它是数据资源是否具有价值的决定性因素。数据挖掘是大数据分析的理论核心，大数据预测是应用核心，智能决策是分析结果的主要应用领域。

2.3.3 大数据应用层

大数据不仅促进了基础设施和大数据分析技术的发展，更是给面向行业和领域的应用和服务带来了巨大的机遇。大数据应用层主要包含大数据可视化、应用接口和应用模式等方面的内容。

传统的数据可视化基本上采用的是后处理模式，超级计算机进行数值模拟后输出海量数据结果并保存在磁盘中，当进行可视化处理时再从磁盘读取数据。数据传输和输入输出的瓶颈等问题增加了可视化的难度，降低了数据模拟和可视化的效率。在大数据时代，这一问题更加突出，尤其是在包含时序特征的大数据可视化和展示中。

在大数据应用过程中，无论是数据的使用者还是开发者，都是通过数据接口来使用数据的。在大数据时代，数据访问一般是通过开放平台接口来实现的，通过平台独立、低耦合、自包含、基于可编程数据服务的接口，为大数据的应用提供了通用机制，实现平台、语言和通信协议无关的数据交换服务。

在平台可视化和应用接口的支撑下，大数据应用层主要有三种典型的应用模式：大数据交易和共享、基于开放平台的数据应用和基于大数据的工具应用，它通过数据资源、数据 API 以及服务接口聚集，实现数据交易及数据定制等共享服务、接口服务和应用开发支撑服务。

2.3.4　大数据技术架构

大数据技术涉及数据的处理、管理、应用等多个方面。技术架构是从技术视角研究和分析大数据的获取、管理、分布式处理和应用等。大数据的技术架构与具体实现的技术平台和框架紧密相关，不同的技术平台决定了不同的技术架构和实现。大数据技术架构主要包括大数据获取技术层、分布式数据处理技术层和大数据管理技术层，以及大数据应用和服务技术层，如图 2-8 所示。

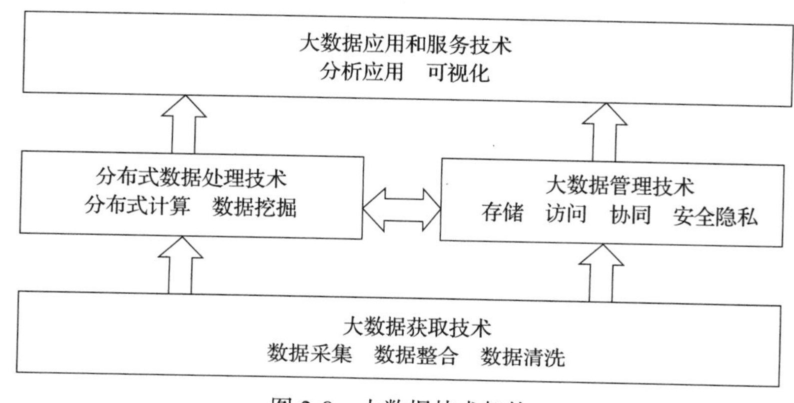

图 2-8　大数据技术架构

（1）大数据获取技术

大数据获取技术主要包括数据采集、数据整合和数据清洗等内容。数据采集技术实现数据源的获取，通过数据整合和数据清洗技术保证数据质量。数据采集技术主要通过分布式爬取、分布式高速和高可靠数据采集、高速全网数据映像技术从网络中获取数据信息。

数据整合技术是在数据采集和实体识别的基础上，实现数据到信息的高质量整合，在此过程中，需要建立多源多模态信息集成模型、异构数据智能转换模型、异构数据集成的智能模式抽取和模式匹配算法、自动的容错映射和转换模型及算法、整合信息的正确性验证方法、整合信息的可用性评估方法等。

数据清洗技术一般指根据正确性条件和数据约束规则，清洗不合理和错误的数据，对重要的信息进行修复，保证数据的完整性。该过程需要建立数据正确性语义模型、关系模型和数据约束规则、数据错误模型和错误识别学习框架，以及针对不同错误类型自动检测和修复的算法、错误检测与修复结果的评估模型和评估方法等。

（2）分布式数据处理技术

分布式计算是随着分布式系统的发展而兴起的，其核心是将任务分解成许多小的部分，分配给多台计算机进行处理，通过并行工作的机制，达到节约整体计算时间，提高计算效率的目的。主流的分布式计算系统有 Hadoop 和 Spark 等。

大数据挖掘是从大量的、不完全的、有噪声的、模糊的、随机的实际应用数据中，提取隐含在其中的、人们可能不知道的，但又是潜在有用的信息和知识的过程。大数据挖掘技术包括网络挖掘、特异群组挖掘、图挖掘技术，以及用户兴趣分析、网络行为分析、情感语义分析等面向领域的大数据挖掘技术。

（3）大数据管理技术

大数据管理技术主要集中在大数据存储、大数据协同和安全隐私等方面。

大数据存储技术主要是基于三个方面来实现的。第一，采用 MPP 架构的新型数据库集群，通过列存储、粗粒度索引等多项大数据处理技术和高效的分布式计算模式，实现大数据存储。第二，围绕 Hadoop 衍生出相关的大数据技术，应对传统关系型数据库较难处理的数据和场景，通过扩展和封装 Hadoop 来实现对大数据存储、分析的支撑。第三，基于集成的服务器、存储设备、操作系统、数据库管理系统，实现具有良好的稳定性、扩展性的大数据一体机。

多数据中心的协同管理技术是大数据管理的重要内容，它通过分布式工作引擎实现工作流调度、负载均衡，整合多个数据中心的存储和计算资源，从而为构建大数据服务平台提供支撑。

大数据隐私性技术主要涉及数据发布技术，在尽可能少地损失数据信息的同时，最大化地隐藏用户隐私。但是，数据信息量和隐私之间是有矛盾的，目前还未有好的解决办法。

（4）大数据应用和服务技术

大数据应用和服务技术主要包含分析应用技术和可视化技术。

大数据分析应用主要是面向业务的分析应用。在分布式海量数据分析和挖掘的基础上，大数据分析应用技术以业务需求为驱动，面向不同类型的业务需求开展专题数据分析，为用户提供高可用、高易用的数据分析服务。

可视化通过交互式视觉表现的方式，帮助人们探索和理解复杂的数据。大数据的可视化技术主要集中在文本可视化、网络可视化、时空数据可视化、多维数据可视化和交互可视化等技术上。在技术方面，主要关注原位交互分析（In Situ Interactive Analysis）、数据表示、不确定性量化和面向领域的可视化工具库。

大数据架构的实现是在领域分析和建模的基础上，从技术和应用两个视角分别来考虑的。

技术架构是指系统的技术实现、系统部署和技术环境等。在企业系统和软件的设计开发过程中，根据组织的发展需求、技术水平、研发人员、资金投入等选择适合的技术，确定系统的开发语言、开发平台及数据库等，从而构建适合组织发展要求的技术架构。

应用架构是从应用的视角来描述的，它主要关注大数据交易和共享应用、基于开放平台的数据应用和基于大数据的工具应用等。

由对大数据架构的分析和应用可知，技术和应用的落地是相辅相成的。具体架构的落地可结合具体应用需求和服务模式，以及具体的开发框架、开发平台和开发语言来实现。图 2-9 为基于 Hadoop 的大数据技术架构的实现。

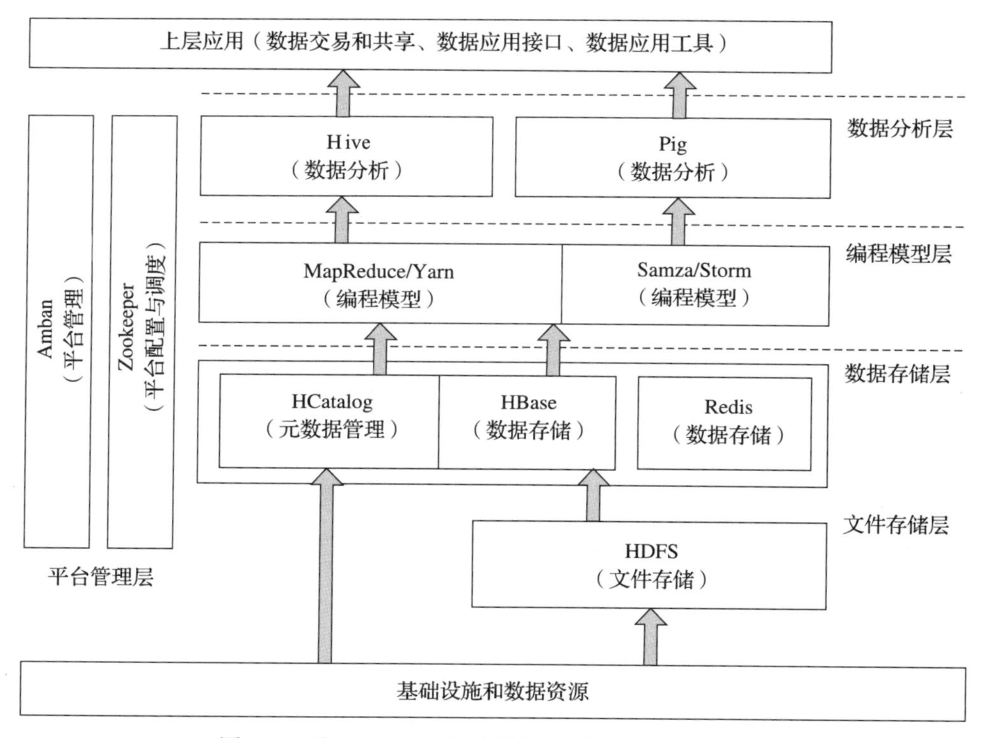

图 2-9　基于 Hadoop 的大数据技术架构的实现示例

2.4　个人隐私保护

大数据时代，每个人既是大数据的使用者，也是大数据的生产者。人们在享受着基于移动通信技术和数据服务带来的快捷、高效的同时，也笼罩在“个人信息泄露无处不在”的风险之中。

2.4.1　大数据带来的个人隐私防护问题

（1）大数据成为网络攻击的目标

网络技术的发展为不同领域、不同组织之间实现数据资源共享提供了条件。在网络空间，大数据是更容易被“关注”的大目标。一方面，大数据意味着大规模的数据，也意味着更复杂、更敏感的数据，对于大数据的整合和分析可以获得一些敏感和有价值的数据，这些数据会吸引更多的潜在攻击者。另一方面，数据的大量汇集使得黑客在将数据攻破之后，可以此为突破口获取更多有价值的信息，无形中降低了黑客的进攻成本。

（2）对大数据的分析利用可能侵犯个人信息

在大数据时代，个人是数据的来源之一，组织大量采集个人数据，并通过一套技术、方法对与个人相连的庞大数据进行整合分析，对组织而言是挖掘了数据的价值；但对个人而言，却是在无法有效控制或不知晓的情况下，将个人的生活情况、消费习惯、身份特征等暴露在他人面前，极大地侵犯了个人隐私。

（3）大数据成为高级可持续攻击的载体

高级可持续攻击（Advanced Persistent Threat，APT）的特点是攻击时间长、攻击空间广、单点隐藏能力强，大数据为入侵者实施可持续的数据分析和攻击提供了极好的隐藏环境。传统的信息安全检测是基于单个时间点进行的基于威胁特征的实时匹配检测，而 APT 是一个实施过程，不具有被实时检测到的明显特征，因此无法被实时检测。黑客设置的针对任何一个攻击监测的诱导欺骗，都会给安全分析和防护服务造成很大困难，或直接导致攻击监测偏离规则方向。隐藏在大数据中的 APT 攻击代码也很难被发现。此外，攻击者还可以利用社交网络和系统漏洞进行攻击，比如在威胁特征库无法检测出来的时间段发起攻击。

（4）大数据技术会被黑客利用

大数据挖掘和分析等技术能为组织带来价值，为个人带来生活便利，同时黑客也会利用这些大数据技术发起攻击。黑客会从社交网络、邮件、微博等应用中，利用大数据技术搜集组织或个人的信息。可见，大数据技术使黑客的攻击更加精准。

（5）大数据存储带来新的安全问题

大数据使数据量呈非线性增长，而复杂多样的数据集中存储在一起，同时多种应用的并发运行以及频繁无序的使用状况，有可能会导致数据类别存放错位的情况，造成数据存储管理混乱或导致信息安全管理不合规范。同时，大数据的不合理存储加大了事后溯源取证的难度。另外，大数据的规模也会影响安全控制措施的正确运行。

（6）大数据传播的安全问题

大数据在传播过程中引发不同的安全问题。首先，大数据的传输需要各种网络协议，而部分专为大数据处理而新设计的传输协议仅关注于性能方面，缺乏专业的数据安全保护机制；若数据在传播过程中遭到泄露、破坏或拦截，会造成数据安全管理失控、谣言传播、隐私泄露等问题。

（7）大数据的数据源众多，维护和保护难度加大

大数据系统各自独立的后台数据管理机制给技术的防护工作带来了挑战，众多分散的数据源未进行相对集中的安全域管理，需要投入大量的防护、审计设备进行保护。同时，数据源众多，原始数据、衍生数据的大量存在，也使得数据一旦泄露则会难以查找根源，造成的危害可能无法弥补。

（8）大数据内容的可信性存在问题

大数据的可信性问题分为两个方面：一是来源于人为的数据捏造，即数据的真实性无法保证；二是数据在传输过程中的逐渐失真。另外，数据采集过程可能引入误差，最终影响数据分析结果的准确性。

2.4.2　个人隐私防护对策

随着大数据技术的普及，个人在网上的一切活动都变成了以各种形式存储的数据，如何确保这些数据不被滥用、不被未经授权地泄露给第三方是一大难题。大数据时代加强个人隐私的防护措施如下。

（1）加强对大数据收集和使用的监督管理

2012年年底我国出台的《全国人民代表大会常务委员会关于加强网络信息保护的决

定》，明确了企业收集、使用公民个人电子信息的义务。该规定中要求数据的收集和使用等都应经用户同意，并须进行合理使用。要确保使用者履行上述义务，政府部门须加强监督管理，通过制定标准规范或制定实施细则等方式，细化数据收集和使用者的义务；建立有效的政府调查和介入机制，在用户投诉等情况下，政府能迅速介入，进行调查取证，对违反法律规定的行为予以处理。

（2）引导给予用户更多的个人数据控制权

互联网企业采取在网站上公布服务的格式条款，并由用户选择“同意”或“不同意”的方式，使用户消极地同意企业对个人数据的收集、使用。企业为向用户提供精准的、个性化的服务，必然需要收集用户相关数据和信息，但是企业必须在收集用户数据和保障用户权益之间平衡，过度地收集和滥用数据都将引起用户反感。企业应当给予用户更多的个人数据控制权，给用户更多的选择权、保障用户的知情权，并对用户数据合理使用。

（3）对隐私数据进行分级保护

企业可以将隐私划分为不同等级，并分别实施不同的保护机制，如下所示。

隐私级别 1：数据中没有包含敏感信息，对应的数据区域采用弱加密的方式，以获得更多的服务性能。

隐私级别 2：数据中包含了一些敏感信息，对应的数据区在以不大幅影响系统性能的前提下，采用较复杂的加密算法。

隐私级别 3：数据中包含大量的重要信息与敏感数据，对应的数据区以牺牲性能的方式采用最高级别的加密算法来保证数据安全。

（4）完善互联网企业服务行业自律公约

互联网企业要想在大数据时代的背景下走得更长远，需要努力构建本行业的通用规章，维护用户信息安全，建立客户信任感，从大数据中获得持久利益；须尊重用户知情权，给予用户是否授权运营商收集和利用自身信息数据的权利，并在服务条款中阐明用户个人信息数据的使用方式和使用期限；须寻求社交网络个人信息拥有者、数据服务提供商，以及数据消费者之间共同认可的行业自律公约，保证数据共享的合法性，使第三方在使用社交网络数据时保证用户个人信息的隐私和安全，营造安全的数据使用环境。

（5）提高用户的隐私保护意识

在大数据时代，用户既是数据的消费者也是数据的生产者，用户有权力拥有自己的数据、掌握数据的使用，也有权利毁坏或贡献出数据。大数据时代没有绝对的隐私，为享受更个性化、精准化的服务，用户需要让出自己的相关数据。但是用户要知道自己对个人数据有哪些权利，对企业过度的数据采集和数据滥用要保持警惕。

2.4.3　大数据的隐私保护关键技术

技术是加强隐私保护的一个重要方面。在大数据环境下，随着分布式计算的广泛应用，在多点协同运行、数据实时传输和信息交互处理过程中，如何保证各种独立站点和整个分布式系统的敏感信息以及隐私数据的安全，如何平衡高效的数据隐私保护策略算法与系统良好运行应用之间的关系，成为急需解决的重要问题。

一般来说，隐私保护模型和算法是针对传统的关系型数据的，并不能将其直接移植到大数据应用中。原因在于，攻击者的背景知识更加复杂也更难模拟，不能通过简单的对比匿名前后的网络进行信息缺损判断。用于大数据隐私保护的主要技术包括数据发布匿名保护技术、社交网络匿名保护技术、数字水印技术、数据溯源技术、数据的确定性删除技术、保护隐私的密文搜索技术、保护隐私的大数据存储完整性审计技术等。

（1）数据发布匿名保护技术

就结构化数据而言，要有效实现用户数据安全和隐私保护，数据发布匿名保护技术是关键点，但是这一技术还需要不断发掘和完善。现有的大部分数据发布匿名保护技术的基本理论的设定环境大多是用户一次性、静态地发布数据。如通过元组泛化和抑制处理方式分组标识符，用k匿名模式对有共同属性的集合进行匿名处理，但这样容易漏掉某个特殊的属性。一般来说，现实是多变的，数据发布普遍是连续、多次的。在大数据复杂的环境中，要实现数据发布匿名保护技术较为困难。攻击者可以从不同的发布点、不同的渠道获取各类信息，帮助他们确定一个用户的信息。

（2）社交网络匿名保护技术

包含了大量用户隐私的非结构化数据大多产生于社交网络中，这类数据最显著的特征就是具有图结构，因而数据发布匿名保护技术无法满足这类数据的安全隐私保护需求。在社交网络中实现数据安全与隐私保护技术，需要结合其图结构的特点进行用户标识匿名以及属性匿名（点匿名），即在数据发布时对用户标识和属性信息进行隐藏处理；同时对用户间关系匿名（边匿名），即在数据发布时让用户之间的关系连接有所隐藏。

（3）数字水印技术

数据水印技术是将可标识信息在不影响数据内容和数据使用的情况下，以一些比较难察觉的方式嵌入到数据载体里。它一般用于媒体版权保护中，也有一些数据库和文本文件引用了水印技术。不过在多媒体载体上应用水印技术与在数据库或者文本文档上应用有着很大的不同，主要是因为二者数据的无序和动态性等特点并不一致。数据水印技术从其作用力度来分，可以分为强健和脆弱水印类，强健水印类多用于证明数据起源，保护原作者的创作权之类；而脆弱水印类可用于证明数据的真实与否。但是水印技术并不适应现在快速大量生产的大数据，这是需要改进的地方。

（4）数据溯源技术

数据溯源技术最早应用于数据库领域内，现在被引入大数据隐私保护中。标记来源的数据可以缩短使用者判断信息真伪的时间，帮助使用者检验分析结果正确与否。其中，标记法是数据溯源技术中最为基本的一种手段，主要是记录数据的计算方法和数据出处。对于文件的溯源和恢复，数据溯源技术也同样发挥了极大的作用。

（5）数据的确定性删除技术

由于用户在使用大数据服务的过程中不再是真正意义（物理）上拥有数据，因此如何保证存储在云端、将不再需要的隐私数据完全销毁成为新的难点。传统的保护隐私数据的方法是在将数据外包之前进行加密。大数据的安全销毁实际上就转化为（用户端）对应密钥的安全销毁。一旦用户可以安全销毁密钥，那么即使不可信的服务器仍然保留用户本该销毁的密文数据，也不能破坏用户数据的隐私了。

现在大量系统是通过覆盖来删除所存储的数据的，但是使用覆盖的方法严重依赖于基本的物理存储介质的性质。对现在广泛使用的云计算以及虚拟化模型来说，数据所有者失去了对数据存储位置的物理控制。确定性删除技术是在假设数据使用者不保存数据加密密钥这样一个强的安全假设下设计的，它无法满足数据的反向安全性。若数据使用者成功访问过一次数据并保存了数据加密密钥，即使密钥管理者回收控制策略、删除与其相关联的控制密钥，数据访问者依旧可以恢复明文数据，这样就不能达到数据确定性删除的效果。一种解决办法是数据所有者可以周期性地更新数据加密密钥，但这需要消耗大量的计算能力和通信带宽。

（6）保护隐私的密文搜索技术

密文搜索技术主要是通过关键词语的搜索来实行隐私保护的，在具体的搜索过程中需要形成有效的搜索机制，并针对密钥对称和可搜索密钥开展有效的加密工作。当搜索者进行加密数据搜索时，相关的数据使用者可使用可搜索的非对称加密技术为搜索者提供最终结果。

（7）保护隐私的大数据存储完整性审计技术

隐私数据在完整存入大数据服务器后，能否完整性地取出是很多用户关心的主要问题之一，但这种隐私数据的完整性审计会消耗大量的网络带宽。通过群组有效用户的方式实现大数据的完整性审计，减轻了用户的负担，并将维护完整性数据所需要的消耗成本转移给了服务器端。但这种方案在设计时，需要考虑多个审计任务同时进行的情况，保证在多个任务下的审计能力，提高保护审计效率，减少审计时间。

2.5　大数据治理实施

在大数据治理实施阶段，主要关注大数据治理的目标和动力、实施路线图、实施关键要素以及实施框架。

2.5.1　实施目标

根据业务发展需求设立合理的阶段性实施目标，才能指导大数据治理实施项目的顺利完成。大数据治理实施的目标分为直接目标和最终（长期）目标。实施大数据治理的最终目标和直接目标之间的关系如图2-10所示。

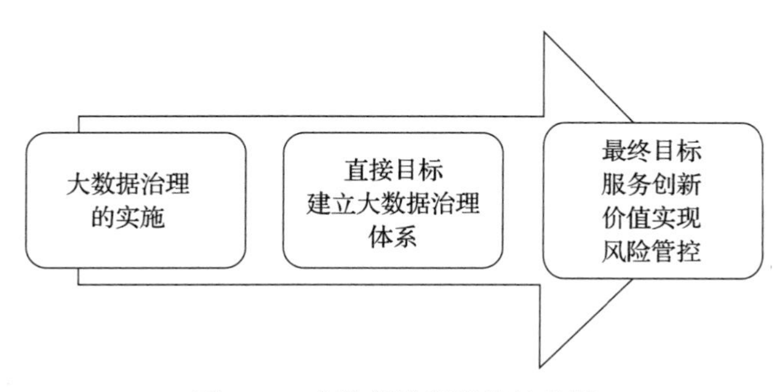

图2-10　大数据治理实施的目标

（1）直接目标

实施大数据治理的直接目标就是建立大数据治理的体系，即围绕大数据治理的实施阶段、阶段成果、关键要素等，建立一个完善的大数据治理体系，包括支撑大数据治理的战略蓝图和阶段目标、岗位职责和组织文化、流程和规范，以及软硬件环境。

1）需要建立大数据治理的软硬件环境。以大数据质量管理的软硬件环境的搭建为例，传统的数据存储往往是把数据集成在一起，而对于大数据存储，在很多情况下都是在原始存储位置组织和处理，而不需要大规模的数据迁移。此外，大数据的格式不统一，数据的一致性差，须使用专门的数据质量检测工具进行管理，因此需要搭建专门的质量管理的软硬件环境，用于支持海量数据的质量管理。

2）建立完善的大数据治理实施流程体系。完善的流程是保障大数据治理制度化的重要措施。一般的大数据治理流程包括：数据标准管理流程、数据需求和协调流程、数据集成和整合流程等。

3）制定大数据治理实施的阶段目标。大数据治理是一个持续不断的完善过程，但不是永无止境的任务。大数据治理须分阶段地逐步开展，每一个阶段都应制定一个切实可行的目标，保证工作的有序性和阶段性。明确阶段目标，将会促使大数据治理实施按质按量地顺利完成。

（2）长期目标

实施大数据治理的长期目标是通过大数据治理，为企业的利益相关者带来价值，这种价值具体体现在三个方面，即价值实现、风险管控、服务创新。

1）价值实现包含多种形式，如企业的利润和政府部门的公共服务水平。大数据治理会降低企业的运营成本，为企业带来利润。随着信息化建设的发展，企业已经建设了包括数据仓库、报表平台、风险管理、客户关系管理等在内的众多信息系统，为日常经营管理提供管理与决策支持。但是由于各种原因，它们在信息资源标准体系建设、信息共享、信息资源利用等方面还需要进一步提高。大数据治理可以帮助组织完善信息资源治理体系，实现数据的交换与共享的管理机制，有效整合行业信息资源，降低数据使用的综合成本。

2）风险管控是大数据治理实施的重要价值之一。大数据治理发掘了大数据的应用能力，提高了组织数据资产管理的规范程度，从而降低了数据资产管控的风险。例如，大数据治理可以提高数据的可用性、持续性和稳定性，从而避免因错误操作引发的系统运维事故。

3）服务创新是指利用组织的资源，形成不同于以往的服务形式和服务内容，满足用户的服务需求或者提升用户的服务体验。在大数据治理的背景下，充分发挥大数据资产的价值，实现服务内容和形式的创新。

2.5.2 实施动力

大数据治理实施的动力来源于业务发展和风险合规的需求，这些需求既有内部需求，又有外部需求，主要分为四个层次：战略决策层、业务管理层、业务操作层和基础设施层。

1）战略决策层负责确定大数据治理的发展战略以及重大决策。该层主要由组织的决策者和高层管理人员组成，如企业信息技术总监、首席数据官和首席执行官等。战略决策层实施大数据治理的动力在于利用大数据来辅助企业高层管理者做重大决策，支持企业风险管控、价值实现和服务创新，从而建立并保持企业的竞争优势。

2）业务管理层则负责企业的具体运作和事务的管理。从人员角度看，该层可以是IT项目经理、IT部门主管或IT部门经理。业务管理层实施大数据治理的动力在于提升管理水平、降低大数据的运营成本、提高大数据的客户服务水平、控制大数据管理的风险等。

3）业务操作层主要负责某些具体工作或业务处理活动，不具有监督和管理的职责。在该层，大数据治理实施的动力是规范和优化大数据应用的活动和流程，提升大数据业务处理水平，具体包括大数据应用的效果和质量、可持续性、时效性和可靠性等。

4）基础设施层是指一个完整的、适合整个大数据应用生命周期的软硬件平台。数据治理实施需要建立一个统一、融合、无缝衔接的内部平台，用以连接所有的业务相关数据，从而让数据能够被灵活地部署、分析、处理和应用。对该层而言，大数据治理能够实现基础设施的规范、统一的管理，为大数据的业务操作、业务管理和战略决策提供基础保障。

2.5.3 实施过程

大数据治理的实施过程包含建立大数据治理体系，以及不断优化大数据治理体系的过程。大数据治理的实施分为两个层面，一个层面是大数据治理项目具体实施的过程，此过程分为7个阶段，具体包括识别大数据治理机遇、评估大数据治理现状、制定大数据治理目标、制定大数据治理方案、执行大数据治理实施方案、运行与测量、评估与监控；另一个层面是把成功实施的项目转化为日常工作，并且进行持续改进，它又包含两方面的内容，即大数据治理的例行活动、大数据治理的持续改进。

（1）识别机遇

对组织而言，大数据治理的实施并不是越快越好，而应该寻找恰当的时机，发现组织中有针对性的具体问题，力争通过实施大数据治理，获得立竿见影的阶段性效果。大数据治理是一项复杂而且需要不断改进的工作，对组织而言工作量巨大，如果不采用局部突破的方法，就很难获取阶段性成果。识别机遇，寻找到合适的阶段性任务，对大数据治理实施而言非常重要。

（2）现状评估

大数据治理的现状评估调研包括三个方面：首先是对外调研，了解业界大数据有哪些最新进展，以及行业的大数据应用顶尖水平；其次，开展组织内部调研，包括管理层、业务部门、IT部门和大数据治理部门自身，以及组织的最终用户对大数据治理业务的期望；最后，自我评估，了解自己的技术、人员储备情况。

在现状评估的基础上进行对标，做出差距分析，并针对分阶段的大数据治理成熟度进行评估。大数据治理成熟度一般分为五个阶段：初始期、提升期、优化期、成熟期和改进期。按照不同的阶段，大数据治理的实施方案会有所不同。

（3）制定阶段目标

大数据治理阶段目标的制定是大数据治理过程的灵魂和核心，它指引组织大数据治理的发展方向。大数据治理的阶段目标没有统一的模板，但有一些基本的要求：

1）简介全面：既能简明扼要地阐述问题，又能涵盖内外利益相关者的需求。

2）明确：清晰地描述所有利益相关者的愿景和目标。

3）可实现：目标经过努力是可达成的。

（4）制定大数据治理实施方案

制定大数据治理实施方案就是为了阐明大数据治理方案如何执行，包括涉及的流程和范围、阶段性成果、成果衡量标准、治理时间节点等内容。大数据治理实施方案提供了一个从上层设计到底层实施的指导说明，以帮助组织实施大数据治理。

（5）执行大数据治理实施方案

执行大数据治理实施方案就是依照大数据治理规划中提出的操作方案按部就班地执行，这部分工作就是具体地建立大数据治理体系，包括建立软硬件平台、规范流程，以及建立相应的岗位、明确职责并落实到人等。实施治理方案的阶段性成果就是建立初步的大数据治理制度和运作体系。

（6）运行并测量

大数据治理的运行与测量是指组建专门的运行与绩效测量团队，制定一系列策略、流程、制度和考核指标体系来监督、检查、协调多个相关职能部门，从而优化、保护和利用大数据，保障大数据作为一项组织战略资产能真正发挥价值。

（7）监控与评估

建立大数据治理的运行体系后，需要监控大数据治理的运行状况，评估大数据治理的成熟度。用于大数据监控与评估的事项如表 2-1 所示。

表 2-1　大数据监控与评估示例

序号	评估事项	具体内容
1	业务成果	是否已经确定了大数据治理计划的关键业务人员（例如，市场营销部门负责社交媒体治理，供应链管理部门负责 RFID 治理，法律部门负责数据保留策略，人力资源部门负责治理与员工相关的社交媒体，运营和维护部门负责传感器数据治理）
2	组织架构	是否为所在组织的大数据应用提供了一个确定的职责范围（例如，事务数据、Web 和社交媒体数据、机器间数据）
3	管理人员	对现有管理人员的职位描述加以扩展（例如，客户数据管理人员需要负责社交媒体方面的工作）
4	大数据风险管理	是否是大数据治理中的关键组成部分
5	策略	是否已经归档了大数据治理策略
6	大数据治理管理	对于与大数据相关的质量问题（数据可能有较高的价值，也可能价值并不显著）是否达成了一致意见

2.6　小结

大数据治理，即基于大数据的数据治理。大数据依托传统的数据治理工作做了很多的扩展，在政策 / 流程上，大数据治理应覆盖大数据的获取、处理、存储、安全等环节。

需为大数据设置数据管理专员制度；需考虑大数据与主数据管理能力的集成；需对大数据做定义，统一主数据标准。在数据生命周期管理各阶段，如数据存储、保留、归档、处置时，要考虑大数据保存时间与存储空间的平衡，大数据量大，因此应识别对业务有关键影响的数据元素，检查和保证数据质量。此外，在隐私方面，应考虑社交数据的隐私保护需求，制定相应政策，还要让大数据治理与企业内外部风险管控需求建立联系。

习题 2

1. 简述大数据治理的内容。
2. 分析大数据治理的必要性。
3. 简述大数据治理的原则。
4. 大数据架构包含哪些组件？各组件之间的关系如何？
5. 分析大数据带来哪些个人隐私防护的问题？
6. 个人隐私防护有哪些对策？
7. 大数据治理实施阶段包括哪些内容？

第3章

大数据的安全创建

3.1 大数据的采集

大数据采集是指从传感器、智能设备、企业在线系统、企业离线系统、社交网络和互联网平台等获取数据的过程。大数据采集技术广泛应用于各个领域，常见的测温枪、麦克风、摄像头都属于大数据采集工具。采集的大数据既包括RFID（Radio Frequency Identification）数据、传感器数据、用户行为数据、社交网络交互数据，还包括移动互联网数据等各种类型的结构化、半结构化以及非结构化海量数据。

所采集的数据一般是被转换为电信号的各种物理量，如温度、水位、风速、压力等。一类是模拟量，一类是数字量。采集一般采用采样方式，即每隔一定时间（称采样周期）对同一点数据重复采集。采集的数据大多是瞬时值，也可是某段时间内的一个特征值。准确的数据量测是数据采集的基础。

由于数据源的种类多、数据的类型繁杂、数据量大，并且产生的速度快，传统的数据采集方法无法完全胜任。所以，大数据采集面临着许多技术挑战，一方面需要保证数据采集的可靠性和高效性，另一方面还要避免重复数据。

3.1.1 大数据的分类分级

1. 数据分类分级的含义

国际上一般把数据分类分级统称为“Data Classification”，对数据划分的级别（Classification Level）和种类（Classification Category）进行描述。数据分类被广泛定义为按相关类别组织数据的过程，以便可以更有效地使用和保护数据，并使数据更易于定位和检索。在风险管理、合规性和数据安全性方面，数据分类尤其重要。

我国将数据分类与分级进行了区分，分类强调的是种类的划分，即按照属性、特征的不同而划分为不同的种类；分级侧重于按照划定的某种标准，对同一类别的属性按照高低、大小进行级别的划分。对于分类与分级两项工作，目前没有法规或标准明确阐明其顺序关系，但一般都是遵循先分类再分级的顺序。比如 2020 年 4 月，中共中央、国务院发布的《关于构建更加完善的要素市场化配置体制机制的意见》中的第二十二条："推动完善适用于大数据环境下的数据分类分级安全保护制度，加强对政务数据、企业商业秘密和个人数据的保护。"可以看出该意见对于数据进行了基础的划分——政务数据、企业商业秘密和个人数据，然后才是在基本分类下进行细化分级保护机制，即先分类再分级，这在逻辑上也更清晰。

数据分类分级是确定数据保护和利用之间平衡点的一个重要依据，为政务数据、企业商业秘密和个人数据的保护奠定了基础。

2. 大数据分类分级的相关标准

（1）ISO/IEC27001:2013（以下简称 ISO27001）

ISO27001 是建立信息安全管理体系（ISMS）的一套需求规范，其中详细说明了建立、实施和维护信息安全管理体系的要求，指出实施机构应该遵循的风险评估标准。该标准指出信息分类的目标是确保信息按照其对组织的重要程度受到适当的保护，其中的附录 A 规范了应参考的控制目标和控制措施，对信息分类也提出了明确要求，如表 3-1 所示。

表 3-1 ISO27001 对信息分类的要求

A.8.2 信息分类		
目标：确保信息得到与其重要性程度相适应的保护		
A.8.2.1	信息的分类	控制措施信息应按照法律要求、对组织的价值、关键性和敏感性进行分类
A.8.2.2	信息的标记	控制措施应按照组织所采纳的分类机制建立和实施一组合适的信息标记和处理程序
A.8.2.3	资产的处理	控制措施应按照组织所采纳的信息分类机制，建立和实施一组合适的处理规程

（2）NIST Special Publication 1500-2

美国国家标准与技术研究院（NIST）于 2013 年 5 月成立了 NIST 大数据公开工作组

（NBD-PWG），2015 年 9 月编写形成并发布大数据互操作性框架 NIST Special Publication 1500，2018 年 3 月又对其进行了更新。它包括 7 个分册，其中第 2 册大数据分类法提出了基于大数据参考架构（NBDRA）的角色样本分类体系（见图 3-1）。

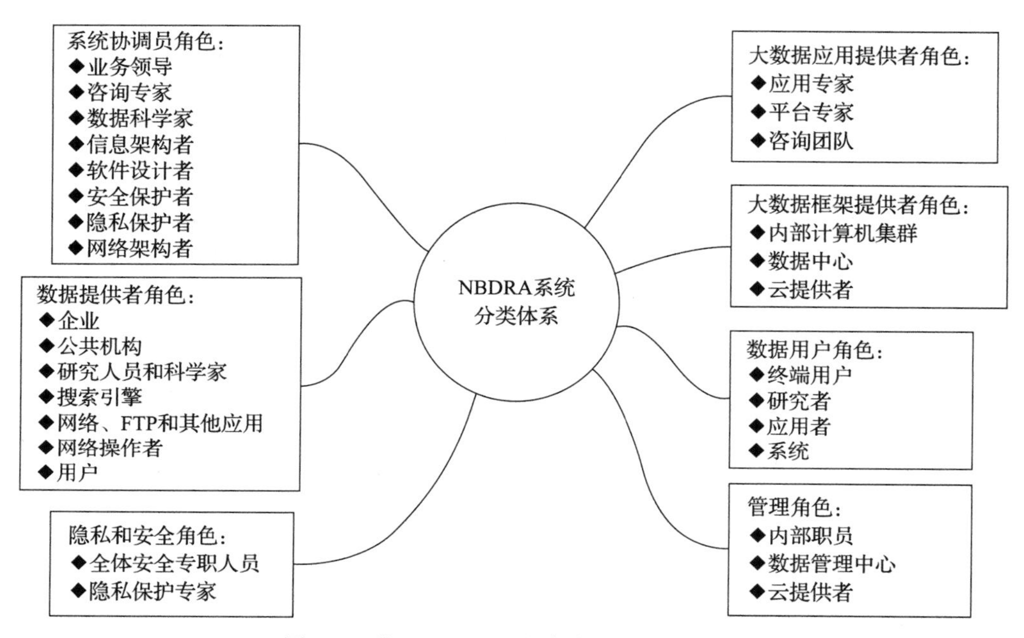

图 3-1 基于 NBDRA 的角色样本分类体系

按照 NBDRA 所提出的分类法，NIST 将每个元素分解成多个部分，提供了特定粒度数据对象的描述以及属性、特征和子特征，通过从不同粒度级别对数据特征进行观测，帮助理解特征及新型大数据模式对这些特征的改变。从最小级别的数据元素开始描述，NIST 将大数据的数据状态分为数据元素、记录、数据集和多个数据集 4 个层次。数据元素关注的是数据价值、元数据和语义等特征，数据元素被分配到特定实体、事件中形成了记录，用来表征更复杂的数据组织结构和事件，记录进行分组后形成了数据集，多个数据集汇聚后融合了多种数据集特征，体现了大数据的多样性。

（3）我国数据分类分级标准

2019 年 5 月正式发布的《信息安全技术　网络安全等级保护基本要求》（GB/T25070—2019）提出，网络运营单位应对信息分类与标识方法做出规定，并对信息的使用、传输和存储等进行规范化管理，对重要数据资产应进行分类分级管理。2020 年 4 月，中共中央、国务院发布《关于构建更加完善的要素市场化配置体制机制的意见》，明确提出要“推动完善适用于大数据环境下的数据分类分级安全保护制度，加强对政务数据、企业商业秘密和个人数据的保护”。2020 年 7 月 2 日发布的《中华人民共和国数据安全法（草案)》第 19 条明确规定了数据的分类分级保护制度，要求“根据数据的重要程度，以及一旦遭到篡改、破坏、泄露或者非法获取、非法利用，对国家安全、公共利益或者公民、组织合法权益造成的危害程度，对数据实行分类分级保护”。

除此以外，数据分类分级标准化工作也在不断深入推进过程中。标准作为以文件形式发布的统一协定，能够为特定范围活动及其结果提供相应规则或特性定义的技术规范等支撑，如表 3-2 所示。数据分类分级标准作为应对数据安全挑战、推进数据治理的重要手段，已经成为数据安全标准领域的研究热点之一，特别是《工业数据分类分级指南(试行)》《金融数据安全　数据安全分级指南》等数据分类分级相关标准的相继发布，标志着我国数据分级分类标准化工作进入了快车道。

3. 大数据分类分级原则

根据国家标准《信息安全技术　大数据安全管理指南》（GB/T 37973—2019）要求，数据分类分级时，需要满足以下 4 条原则：

1）科学性。按照数据的多维特征及其相互间逻辑管理进行科学和系统地分类，按照大数据安全需求确定数据的安全等级。

2）稳定性。以数据最稳定的特征和属性为依据制定分类和分级方案。

3）实用性。数据分类要确保每个类下要有数据，不设没有意义的类目，数据类目划分要符合对数据分类的普遍认识。数据分级要确保分级结果能够为数据保护提供有效信息，应提出分级安全要求。

4）扩展性。数据分类和分级方案在总体上应具有概括性和包容性，能够针对组织的各种类型数据开展分类和分级，并满足将来可能出现的数据的分类和分级要求。

3.1.2　大数据采集安全管理

在采集外部客户、合作伙伴等相关方数据的过程中，组织应明确采集数据的目的和用途，确保满足数据源的真实性、有效性和最少够用等原则，并明确数据采集渠道、规范数据格式以及相关的流程和方式，保证数据采集的合规性、正当性和一致性。

1. 大数据采集方法

根据数据源的不同，大数据采集方法也不相同。但是为了能够满足大数据采集的需要，大数据采集时都使用了大数据的处理模式，即 MapReduce 分布式并行处理模式或基于内存的流式处理模式。针对 4 种不同的数据源，大数据采集方法有以下几大类。

1）数据库采集：传统企业会使用关系型数据库 MySQL 和 Oracle 等来存储数据。随着大数据时代的到来，Redis、MongoDB 和 HBase 等 NoSQL 数据库也常用于数据的采集。

企业通过在采集端部署大量数据库，并在这些数据库之间进行负载均衡和分片，来完成大数据采集工作。

2）系统日志采集：系统日志采集主要是收集公司业务平台日常产生的大量日志数据，供离线和在线的大数据分析系统使用。

高可用性、高可靠性、可扩展性是日志收集系统所具有的基本特征。系统日志采集工具均采用分布式架构，能够满足每秒数百兆的日志数据采集和传输需求。

3）网络数据采集：网络数据采集是指通过网络爬虫或网站公开 API 等方式从网站上获取数据信息的过程。

网络爬虫会从一个或若干初始网页的 URL 开始，获得各个网页上的内容，并且在抓取网页的过程中，不断从当前页面上抽取新的 URL 放入队列，直到满足设置的停止条件为止。这样可将非结构化数据、半结构化数据从网页中提取出来，存储在本地存储系统中。

4）感知设备数据采集：感知设备数据采集是指通过传感器、摄像头和其他智能终端自动采集信号、图片或录像来获取数据。

大数据智能感知系统需要实现对结构化、半结构化、非结构化的海量数据的智能化识别、定位、跟踪、接入、传输、信号转换、监控、初步处理和管理等。其关键技术包括针对大数据源的智能识别、感知、适配、传输、接入等。

2. 大数据采集管理方法

1）应明确数据采集的渠道和外部数据源，并对外部数据源的合法性进行确认。

2）应明确数据采集范围、数量和频度，确保不收集与提供服务无关的个人信息和重要数据。

3）应明确组织数据采集的风险评估流程，针对采集的数据源、频度、渠道、方式、数据范围和类型进行风险评估。

4）应明确数据采集过程中个人信息和重要数据的知悉范围和需要采取的控制措施，确保采集过程中的个人信息和重要数据不被泄露。

5）应明确自动化采集数据的范围。

3.1.3 数据源鉴别与记录

对产生数据的数据源进行身份鉴别和记录，防止数据仿冒和数据伪造。

1. 采集来源管理

采集来源管理的目的是确保采集数据的数据源是安全可信的，确保采集对象是可靠的，没有假冒对象。采集来源管理可通过数据源可信验证技术实现，包括可信认证（PKI数字证书体系，针对数据传输）以及身份认证技术（指纹等生物识别，针对关键业务数据修改操作）等。

（1）PKI数字证书

PKI（Public Key Infrastructure，公钥基础设施），是通过使用公钥技术和数字证书来提供系统信息安全服务，并负责验证数字证书持有者身份的一种体系。PKI技术是信息安全技术的核心。PKI保证了通信数据的私密性、完整性、不可否认性和源认证性。

（2）身份认证技术

身份认证是指在计算机及计算机网络系统中确认操作者身份的过程，确定该操作者是否具有对某种资源的访问和使用权限，进而使计算机和网络系统的访问策略能够可靠、有效地执行，防止攻击者假冒合法用户获得资源的访问权限，保证系统和数据的安全，以及授权访问者的合法利益。目前身份认证的主要手段有：

1）静态密码：用户的密码是由用户自己设定的。在网络登录时输入正确的密码，计算机就认为操作者就是合法用户。静态密码机制无论是使用还是部署都非常简单，但从安全性上讲，用户名/密码方式是一种不安全的身份认证方式。

2）智能卡：智能卡认证是通过智能卡硬件的不可复制性来保证用户身份不会被仿冒。

3）短信密码：身份认证系统以短信形式发送随机的6位动态密码到用户的手机上。用户在登录或者交易认证时输入此动态密码，从而确保系统身份认证的安全性。

4）动态口令：动态口令是应用最广的一种身份识别方式，一般是长度为5～8的字符串，由数字、字母、特殊字符、控制字符等组成。

5）USB Key：USB Key是一种USB接口的硬件设备。它内置单片机或智能卡芯片，有一定的存储空间，可以存储用户的私钥以及数字证书，利用USB Key内置的公钥算法实现对用户身份的认证。由于用户私钥保存在密码锁中，理论上使用任何方式都无法读取，因此保证了用户认证的安全性。

6）生物识别：生物识别技术是指通过计算机利用人类自身的生理或行为特征进行身份认定的一种技术。生物特征的特点是人各有异、终生（几乎）不变、随身携带，这些身体特征包括指纹、虹膜、掌纹、面相、声音、视网膜和DNA等人体的生理特征，以及签名的动作、行走的步态、击打键盘的力度等行为特征。指纹识别技术相对成熟，是一种较为理想的生物认证技术。

7）双因素：所谓双因素就是将两种认证方法结合起来，进一步加强认证的安全性。

2. 数据溯源方法

目前数据溯源的主要方法有标注法和反向查询法。

（1）标注法

标注法是一种简单且有效的数据溯源方法。通过记录处理相关的信息来追溯数据的历史状态，即用标注的方式来记录原始数据的一些重要信息，如背景、作者、时间、出处等，并让标注和数据一起传播，通过查看目标数据的标注来获得数据的溯源。

采用标注法进行数据溯源虽然简单，但存储标注信息需要额外的存储空间。因此，标注法并不适合细粒度数据，特别是大数据集中的数据溯源。

（2）反向查询法

反向查询法是通过逆向查询或构造逆向函数对查询求逆，或者根据转换过程反向推导，由结果追溯到原始数据的过程。反向查询法的关键是要构造出逆向函数，逆向函数构造得好与坏直接影响查询的效果以及算法的性能，与标注法相比，它比较复杂，但需要的存储空间比标注法要小。反向查询法的操作过程主要包括信息获取、信息存储、异构数据处理三个部分。

信息获取：信息获取的原理和过程可以以数据库中的层次结构为例。如图 3-2 所示，在每个数据库中都具有所有者、数据库、数据表、表字段、数据这几层结构，如果想对一个数据库进行详细而完整的溯源，那就需要将这个数据库的所有者、所有库、所有库的表、所有表的字段的 7W（who、when、where、how、which、what、why）信息进行记录，并将这些记录与数据保存在数据库中以供查询。

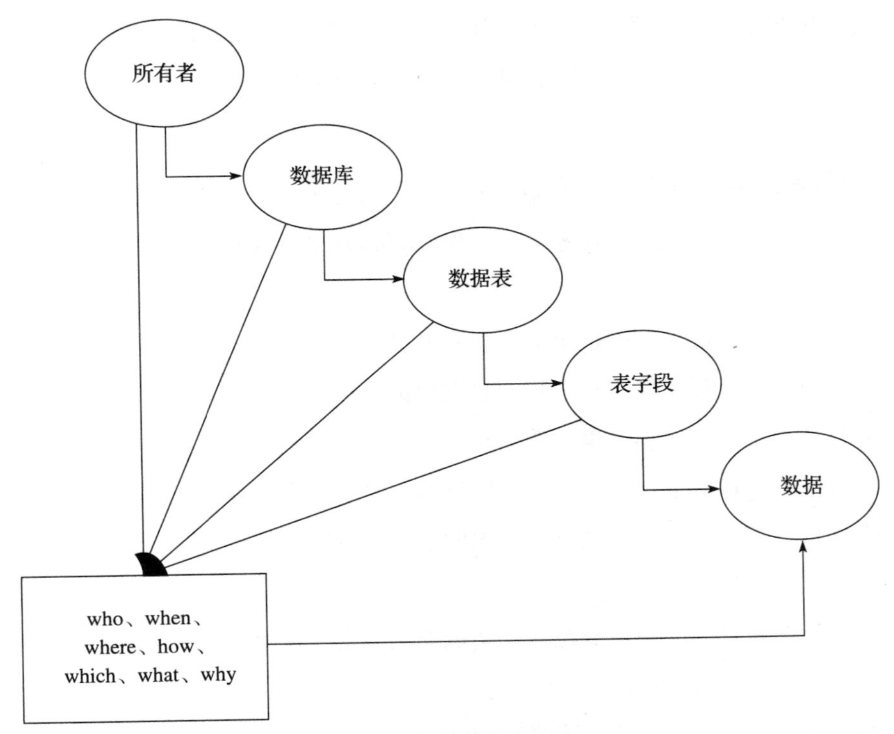

图 3-2　信息的收集过程

信息存储：一种是基于 RDBMS 存储方案，此方案基于关系型数据，通过扩充属性的方式来存储溯源信息，即将溯源信息直接存储在关系数据库的二维表中。另一种是基于树形文档存储方案，树形存储方案是将元组、树形、溯源信息作为树的节点来存储，对于带有标注的源数据需要在原树形结构中增加一个子节点，用来表示信息的来源。

要实现数据溯源，溯源信息的存储非常关键。因为溯源信息需要存储空间来存储，存储方式对数据溯源的性能起着关键性作用。

异构数据处理：随着时间的推移和应用的需要，将产生各种各样的数据源，如MySQL、Oracle、SQL Server等。应用程序想要操作不同类型的数据库只需要调用数据库访问接口，动态链接到驱动程序上即可，再通过数据转换工具形成统一的目标数据库，数据溯源信息将通过这种途径传递到目标数据库中。

3. 数据溯源记录

针对采集的数据在数据生命周期过程中进行数据溯源记录，对数据流路径上的每次变化情况保留日志记录，保证结果的可追溯，以及数据的恢复、重播、审计和评估等功能。

4. 数据源鉴别及记录安全策略

组织在开展数据源鉴别及记录活动的过程中应遵循如下基本要求，防止数据仿冒和伪造：

1）设立负责数据源鉴别和记录的岗位和人员。

2）明确数据源管理制度，对采集的数据源进行鉴别和记录。

3）采取技术手段对外部收集的数据和数据源进行识别和记录。

4）对关键溯源数据进行备份，并采取技术手段对溯源数据进行安全保护。

5）确保负责该项工作的人员理解数据源鉴别标准和组织内部的数据采集业务，并结合实际情况执行标准要求。

6）制定数据源管理的制度规范，定义数据溯源安全策略和溯源数据格式等规范，明确提出对数据源进行鉴别和记录的要求。

7）通过身份鉴别、数据源认证等安全机制确保数据来源的真实性。

3.1.4 大数据质量管理

大数据质量问题一直是困扰数据资产价值提升的重要因素。大数据质量管理是指从组织视角和技术层面，对大数据从采集、存储到分析利用的整个生命周期内可能引发的各类数据质量问题，进行识别、度量、监控、预警等一系列管理活动，并通过改善和提高组织的管理水平使得数据质量获得进一步提高。

1. 影响大数据质量的因素

描述大数据的数据称为元数据，又称为中介数据、中继数据，用来支持如指示存储位置、历史数据、资源查找、文件记录等功能。

影响大数据质量的因素主要来源于四个方面：业务因素、技术因素、流程因素和管理因素。业务因素，主要是因元数据描述及理解错误、数据各类属性不清等造成的数据质量问题；技术因素，是因数据处理的各技术不熟练或异常造成的数据质量问题；流程因素，是因数据产生或使用流程造成的数据质量问题；管理因素，是指由于人员素质或机制体制等原因造成的数据质量问题。

2. 大数据质量管理流程

1）设计元数据：消除业务因素对数据质量产生的影响。即在建立元模型、元数据过程中，通过元模型来规范元数据，通过元数据来规范目标数据库，重点解决数据质量中的规范性、一致性、唯一性和准确性。

2）制定数据质量管理要求：重点消除因管理因素对数据质量产生的影响。数据质量管理相关的要求包括元数据标准、数据质量控制规范、数据质量评价规则和方法等，主要是为了确保数据在汇集治理、存储交换和应用服务等数据生命周期中的数据质量，为更广泛的应用数据提供高质量的规范化数据资源。这一过程主要从全局保障数据质量。

3）汇集治理数据：充分利用信息技术，并借助软件工具辅助完成，重点消除技术因素对数据质量产生的影响。即依据元数据、数据标准、数据规范和要求，设定科学的数据抽取、规范、转换、加载的方法和流程，然后编制软件工具，通过技术手段，将部分流程固化到软件中，再通过规范的操作，将源数据库中的数据值、数据格式等进行汇集治理，存入目标库。这一过程重点解决数据质量中的规范性、准确性、充足性和关联性。

4）核查和矫正目标数据：按照数据质量的要求，结合信息技术，重点消除因流程、业务和管理因素对数据质量产生的影响。首先要根据上一步制定的数据质量评价参数、方法和评价规范，进行软件设计，将评价参数、方法和评价规范融于软件工具中，操作软件进行自动检验和质量评价；然后根据数据和问题的不同，提供自动和人工两种矫正方式。这一过程重点解决数据质量中的完整性、正确性、一致性、准确性和关联性。

3.2 大数据的导入导出

通过在大数据的导入导出过程中对数据的安全性进行管理，防止数据导入导出过程可能对数据自身的可用性和完整性构成的危害，降低可能存在的数据泄露风险。

3.2.1 基本原则

当前控制数据的组织应对数据负责，当数据导入本地或导出到其他组织时，责任不随数据的转移而转移。

1）对数据导出到其他组织所造成的数据安全事件承担安全责任。

2）在数据导入导出前进行风险评估，确保数据导入导出后的风险可承受。

3）通过合同或其他有效措施，明确界定导入导出的数据范围和要求，确保其提供同等或更高的数据保护水平，并明确导入方的数据安全责任。

4）采取有效措施，确保数据导入导出后的安全事件责任可追溯。

3.2.2 安全策略

依据数据分类分级要求，建立符合业务规则的数据导入导出规则。常用的安全策略包括但不限于：

1）授权策略：采取多因素鉴别技术，对数据导入导出的操作人员进行身份鉴别，对数据导入导出的终端设备、用户或服务组件执行有效的访问控制。

2）流程控制策略：在导入导出完成后，对数据导入导出通道缓存的数据进行删除，保证导入导出过程中涉及的数据不会被恢复。

3）不一致处理策略：保存导入导出过程中的出错数据处理记录，对导入导出过程进行审计，保证导入导出行为可追溯。

3.2.3 制度流程

安全责任单位应当依法制定数据导入导出的制度，采取安全保护措施，并对导入导出数据的行为进行监督。

1）应明确数据导出安全评估和授权审批流程，评估数据导出的安全风险，并对大量或敏感数据导出进行授权审批。

2）采用存储媒体导出数据，建立针对导出存储媒体的标识规范，明确存储媒体的命名规则、标识属性等重要信息，定期验证导出数据的完整性和可用性。

3）制定导入导出审计策略和日志管理规程，并保存导入导出过程中的出错数据处理记录。

3.3 大数据的查询

3.3.1 特权账号管理

特权账号是 IT 王国的钥匙，特权访问安全是保护核心资产的重要防线。

1. 特权账号特点

1）分布散。一是特权账号散落在各大数据平台、操作系统、业务系统、应用程序中，二是特权账号的持有人分布散。

2）数量多。每个信息系统资产（包括硬件、软件等）都至少包含一个特权账号。一个系统可能会创建多个特权账号。

3）权限大。特权账号具有一定的特殊权限，如增加用户、批量导入导出数据、执行高权限操作、删除核心数据等。根据数据的重要程度，特权账号权限越大，安全风险也就越大。

2. 特权账号存在的风险

1）特权账号保管不善：容易导致登录凭证泄露、丢失，被恶意攻击者、别有用心者获取。攻击者利用该登录凭证非授权访问业务系统，进而可能导致系统数据被删除、恶意增加管理员权限、非法下载大量数据等。

2）特权账户在创建、使用、保存、注销等全过程中更是面临较大泄露风险：比如有些特权账户需要进行多次流转（从超级管理员到普通管理员传递），目前普遍采用邮件、微信的方式进行传递，有些安全意识较高的可能还进行加密处理，有些安全意识差的或者应急场景下，密码明文传输比比皆是。攻击者若获取部分账户、密码，可能会对企业进行大范围的横向扩展攻击，导致系统遭受大面积入侵。

3）特权账号持有者恶意破坏：对自身运维的信息系统进行恶意破坏，比如删库、格式化等操作。

4）特权账号持有者失误操作：人总是会犯错误，特别是在非常疲惫的情况下更容易操作失误，因特权账号具有较高的维护权限，所做出的操作破坏性更大。

3. 特权账号管理方法

1）账户集中管理。高度分散的特权账户不利于安全管控，只有将特权账户集中起来才能进行一些有效的管理，比如实施统一的安全策略、审计等。

2）密码口令管理。特权账户管理的核心是密码管理，要能通过自动化手段定期对密码进行修改、设置密码安全策略等，使得密码口令满足高复杂度、一机一密、定期修改等要求。

3）账户自动发现。任何系统在从建立到销毁过程的全生命周期中，可能持续数年，这期间因测试需要、人员变动等原因，可能建立了很多长期未使用的账户。由于这些账户长期缺乏维护，风险很大。因此，特权账户管理需要具有能够发现一些僵尸账户、多余账户的能力。

4）访问管理。堡垒机功能仅仅是特权账号解决方案的一部分，须纳入特权账号解决方案的整体进行考虑。

5）提供密码调用服务。密码口令托管之后，能提供有效的API接口以供下游系统调用，并对密码进行定期修改。

6）流程控制。在特权账号的使用流程中设置关键控制点，增加审批和确认流程，以减少特权账号的误操作和恶意操作风险。

7）日常监控。通过集中的特权账号管理平台，对用户的操作行为进行识别，阻断高危操作。

8）日常审计。在风险管理领域，有著名的“三道防线”论，即建设、风险管理和审计。在特权账户管控方面，制度建设、流程建设和技术管控手段是第一道防线，运营监控是第二道防线。定期事后审计评估安全措施是否落实到位并整改，是安全管控措施的最后一道防线。无论多么好的制度、流程、技术或运营手段，如果缺少适当的审计措施，都可能存在“制度落实不到位，流程流于形式，技术管控失效”等问题。

3.3.2 敏感数据的访问控制

保护所有数据的代价较高，因此敏感数据保护是大数据安全管理的核心目标之一。敏感数据如财务数据、供应链数据、客户票据、验证票据等。

1. 敏感数据访问控制的背景

自主访问控制系统在大数据安全方面具有理论缺陷。例如，用户对某某对象具有所有权或控制权，导致访问权限过大，破坏了“最小权限原则”而带来安全隐患。

由于数据的价值不同、敏感度不同，需要建立敏感数据集合。根据《信息安全技术 网络安全等级保护基本要求》（GB/T 22239—2019），需要建立强制访问控制系统，对敏感数据进行管理。

2. 敏感数据访问控制的作用

做好敏感数据的强制访问控制具有现实意义：

1）有效提升对运维人员和其他内部人员的管理。在保护好敏感数据的同时，避免运维人员和其他内部人员有意或无意造成安全事件。

2）有效管理驻场服务的合作伙伴。信息系统高度依赖合作伙伴，用户为了支持合作伙伴工作，往往分配较高的访问权限。相比企业自身的运维人员，合作伙伴员工具有流动性而不易管理，以及对数据结构更加熟悉，因此具有更大的安全风险。

3）有效防范 IT 外包服务人员。该类人员基本等同于内部运维人员，但是相对具有更高的技术。该类人员流动几乎完全不受管制，一旦其具有过高的权限，信息安全事件随时可能爆发。由于“最小权限原则”实施的困难性，几乎所有的 IT 外包服务人员都具有很高的权限，甚至普遍具有 DBA 管理权限。作为一项基本安全措施，IT 外包服务人员必须不得具备访问敏感数据的能力。

4）有效减少误操作带来的风险和损失。具有权限是误操作的一个基本前提，当敏感数据的访问权限被严格控制时，误操作或者操作错误的可能性就会大幅度降低。

5）有效防范恶意社交软件的攻击。恶意软件一直是主要的安全危害，而社交网络的发展使恶意软件可以轻易突破具有层层防御的安全系统而进入系统内部。无论是通过恶意软件进入系统还是通过其他手段进入系统，入侵者部署恶意软件是其价值最大化的主要手段。防范恶意软件攻击的最佳手段就是敏感数据访问主体的双因子或者多因子验证，即使恶意软件突破防护系统，部署在内部终端或者服务器上的数据安全防护设备依然使得恶意软件无法获得对敏感数据的访问能力。

3. 敏感数据的强制访问控制实现方法

1）定义敏感数据和敏感数据集合。数据只有被标记为“敏感”以区别于其他一般数据后，才可能进行敏感数据管理。为了方便管理，可以对敏感数据进行归类，形成敏感数据集合。

2）引入敏感数据安全管理员。为了实现强制访问控制，需要引入敏感数据安全管理员的角色。敏感数据安全管理员主要执行的操作有：定义敏感数据和敏感数据的各种属性；授予和收回对敏感数据的访问能力。

敏感数据安全管理员不具有任意的数据库访问能力，否则会造成自我授权，使敏感数据安全管理员最终变成敏感数据管理的超级用户。

3）围绕敏感数据建立独立于数据库的访问控制系统。为敏感数据建立独立的访问控制系统的最佳实现方式是在数据库自主访问控制验证之后，再进入敏感数据的强制访问控制系统。

3.4　小结

大数据的创建是大数据生命周期的第一个重要环节。大数据的安全创建可以归结为如下五个方面。

知：分析政策法规，梳理业务及人员对数据的使用规范，定义敏感数据。

识：根据定义好的敏感数据，利用工具对全网进行敏感数据扫描发现，对发现的数据进行数据定位、数据分类、数据分级。

控：根据敏感数据的级别，设定数据在全生命周期中的可用范围，利用规范和工具对数据进行细粒度的权限管控。

察：对数据进行监督监察，在保障数据在可控范围内正常使用的同时，也对非法的数据行为进行了记录，为事后取证留下了清晰、准确的日志信息。

行：对不断变化的数据做持续性跟踪，提供策略优化与持续运营的服务。

业务部门要深入参与数据资产梳理以及分级分类工作，因为只有业务部门是最了解数据价值与重要性的。因此需要由信息安全管理团队和数据业务管理团队共同商讨和建立数据安全制度流程体系。

习题 3

1. 什么是大数据采集？
2. 什么是大数据的分类分级？大数据的分类分级有哪些标准？
3. 按照我国的国家标准（GB/T 37973—2019），大数据的分类分级有哪些原则？
4. 分析大数据的采集方法。
5. 大数据采集如何管理？
6. 如何对数据源进行鉴别？
7. 简述大数据质量管理流程。
8. 简述大数据导入导出的基本原则。
9. 按照分类分级要求，数据导入导出时有哪些规则？
10. 大数据查询时，如何管理特权账号？
11. 如何实现敏感数据的强制访问控制？

第4章

大数据的传输与存储安全

根据组织内部和外部的数据传输要求，应采用适当的加密保护措施，保证传输通道、传输节点和传输数据的安全，防止传输过程中的数据泄露。针对组织内需要对数据存储媒体进行访问和使用的场景，提供有效的技术和管理手段，防止因存储媒体的不当使用而可能引发的数据泄露风险。

4.1 大数据传输加密

数据在通过不可信或者较低安全性的网络进行传输时，容易发生被窃取、伪造和篡改等安全风险，因此需要建立相关的安全防护措施，保障数据在传输过程中的安全性，而加密是保证数据传输安全的常用手段。

4.1.1 大数据内容加密

1. 密码技术的概念

密码学是网络加密的基础，包括密码加密学、密码分析学以及安全管理、安全协议设计、散列函数等内容。密码体制设计是密码加密学的主要内容，密码体制的破译是密码分析学的主要内容，密码加密技术和密码分析技术是相互依存、相互支持、密不可分的两个方面。

加密和解密过程共同组成加密系统。在加密系统中，原有的信息称为明文（Plaintext，P），明文经过加密变换后的形式称为密文（Ciphertext，C）。由明文变为密文的过程称为加密（Enciphering，E），由密文还原成明文的过程称为解密（Deciphering，D）。

所谓“加密”“解密”，实际上都是变换。假设用户 A 通过传输系统，向用户 B 发送一份经过加密的数据。B 收到加密数据后，解密得到原来的数据。在此模型中，S_P 表示明文空间，S_C 表示密文空间，K 为密钥空间，由密钥 k 决定一个加密变换 E_k：S_P->S_C。

明文数据 p 通过加密后，得到密文 c，即 $c = E_k(p)$。通过密钥 k' 决定的解密变换 $D_{k'}$：S_C->S_P，可以解密 c 并恢复得到明文数据 p，即

$$p = D_{k'}(c) = D_{k'}(E_k(p))$$

密码系统的加 / 解密原理如图 4-1 所示。

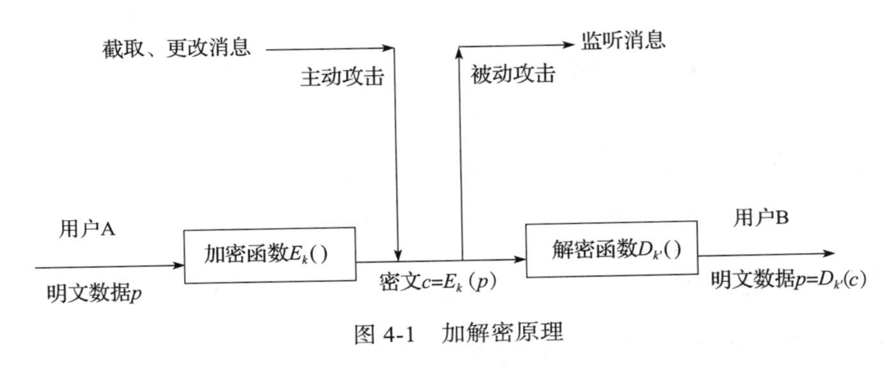

图 4-1　加解密原理

一般对于较成熟的密码系统，只会对密钥进行保密，其算法是可以公开的。使用者只需要修改密钥，即可达到改变加密过程和加密结果的目的。加密系统被破译的概率主要是由密钥的位数和复杂度决定的。

一个密码系统由加 / 解密算法和密钥两个基本组件构成。密钥是一组二进制数。根据加密和解密过程是否使用相同的密钥，加密体制可以分为对称密钥加密体制（简称对称密码体制）和非对称密钥加密体制（简称非对称密码体制）两种。

2. 对称密码体制

对称密码体制也称为单钥体制、私钥体制。其主要特点是，通信双方在加 / 解密过程中使用相同的密钥（或由其中一个密钥可以推出本质上等同的另一个密钥），即加密密钥和解密密钥相同。传统密码体制多属于对称密码体制。对称密码体制的加 / 解密原理如图 4-2

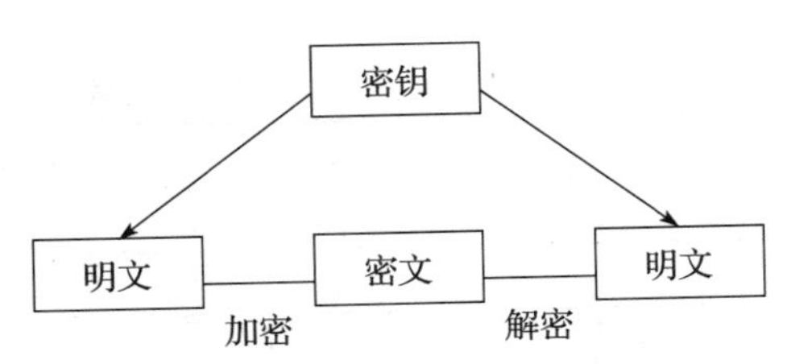

图 4-2　对称密码体制的加 / 解密原理

所示。

按照加/解密的方式，对称密码体制可以分为序列密码和分组密码。

1）序列密码的主要原理是：通过移位寄存器等有限状态机制产生性能优良的伪随机序列，然后使用该序列加密信息流，得到密文序列。产生伪随机序列的质量决定了序列密码算法的安全强度。序列密码主要用于军事和外交场合。

2）分组密码的工作方式是将明文分成固定长度的组，用同一密钥和算法对每一组分别加密，输出也是固定长度的密文。商用的数据加密标准 DES 和高级数据加密标准 AES 等，都属于分组密码。

对称密码体制的优点是：加/解密速度快、安全强度高、加密算法简单高效、密钥简短、破译难度大。

对称密码体制的缺点是：不太适合在网络中单独使用；对传输信息的完整性也不能做检查，无法解决消息的确认问题；缺乏自动检测密钥泄露的能力。

3. 高级数据加密标准

自 1997 年起，美国 NIST 在全球范围内组织了旨在代替 DES 的高级加密标准（Advanced Encryption Standard，AES）的征集与评估工作。最终推荐的 AES 是由比利时密码专家 Joan Daemen 和 Vincent Rijmen 提出的 Rijndael 密码算法。

Rijndael 密码算法是一个可变数据块长度和可变密钥长度的迭代分组密码算法，数据块长度和密钥长度可以为 128、192 或 256 位。

数据块要经过多轮数据变换操作，每一轮变换操作所产生的一个中间结果称为状态。

一个状态可表示为一个二维字节数组，分为 4 行 N_b 列。N_b 等于数据块的长度除以 32。数据块按 $a_{0,0}$、$a_{1,0}$、$a_{2,0}$、$a_{3,0}$、$a_{0,1}$、$a_{1,1}$…的顺序映射为状态中的字节，在加密操作结束时，以同样的顺序在状态中抽取密文，如表 4-1 所示。

表 4-1　$N_b = 6$ 的状态分配表

$a_{0,0}$	$a_{0,1}$	$a_{0,2}$	$a_{0,3}$	$a_{0,4}$	$a_{0,5}$
$a_{1,0}$	$a_{1,1}$	$a_{1,2}$	$a_{1,3}$	$a_{1,4}$	$a_{1,5}$
$a_{2,0}$	$a_{2,1}$	$a_{2,2}$	$a_{2,3}$	$a_{2,4}$	$a_{2,5}$
$a_{3,0}$	$a_{3,1}$	$a_{3,2}$	$a_{3,3}$	$a_{3,4}$	$a_{3,5}$

类似地，密钥也可以表示为一个二维字节数组，它有 4 行 N_k 列，且 N_k 等于密钥块长度除以 32。

算法变换的圈（轮）数 N_r 由 N_b 和 N_k 共同决定，具体值如表 4-2 所示。

表 4-2 加密圈数表

N_r	$N_b=4$	$N_b=6$	$N_b=8$
$N_k=4$	10	12	14
$N_k=6$	12	12	14
$N_k=8$	14	14	14

加密算法的圈变换由 4 个不同的变换组成。前 N_r-1 圈的变换用伪代码表示为：

```
Round(state, RoundKey)
{
    ByteSub(State);
    // 字节代替变换：是作用在状态中每个字节上的一种非线性字节变换
    ShiftRow(State);
    // 行移位变换：状态的后 3 行以不同的移位值循环左移。
    MixColumn(State);
    // 列混合变换：状态中每一列作为 GF(2^8) 上的一个多项式与固定多项式相乘，然后模 x^4+1
    AddRoundKey(State, RoundKey);
    // 圈密钥加法：状态与圈密钥异或
}
```

加密算法的最后一圈变换不包含列混合变换，由另外 3 个不同的变换组成。用伪代码表示为：

```
Round(State, RoundKey)
{
    ByteSub(State);
    ShiftRow(State);
    AddRoundKey(State, RoundKey);
}
```

圈密钥根据密钥编制得到。密钥编制包括密钥扩展和圈密钥选择两部分，且遵循以下原则：

1）圈密钥的总位数为数据块长度与圈数加 1 的积。

2）圈密钥通过如下方法由扩展密钥求得：第一个圈密钥由第一个 N_b 个字组成，第二个圈密钥由接下来的 N_b 个字组成，以此类推。

扩展密钥是一个 4 字节的数组，记为 $W[N_b\times(N_r+1)]$。密钥包含在开始的 N_k 个字中，其他的字由它前面的字经过处理后得到。$N_k = 4$、6 时，密钥编制方式相同。

圈密钥 i 由圈密钥缓冲区 W［$N_b \times i$］到 W［$N_b \times (i+1)$］的字组成。

Rijndael 加密算法用伪代码表示为：

```
Rijndael(State, CipherKey)
{
    KeyExpansion(CipherKey, ExpandKey);           // 密钥扩展
    AddRoundKey(State, ExpandKey);                // 初始化圈密钥加法
    For(i=1;i<Nr;i++)
       Round(State, ExpandedKey+Nb*i);            // Nr-1 圈变换
    FinalRound(State, ExpandedKey+Nb*Nr);         // 最后一圈变换
}
```

密钥扩展可以在加密前进行。Rijndael 解密算法的结构与 Rijndael 加密算法结构相同，其中的变换为加密算法变换的逆变换，且使用了一个稍有改变的密钥编制。

4. 非对称密码体制

非对称密码体制也称为非对称密钥密码体制、公钥密码体制或双钥体制，它包含两个不同的密钥，一个为加密密钥（公开密钥 PK），可以公开通用；另一个为只有解密方持有的解密密钥（秘密密钥 SK）。它要求两个密钥相关，但不能从公开密钥推算出对应的秘密密钥。用加密密钥加密的信息，只能由相应的解密方使用解密密钥进行解密。非对称密码体制加 / 解密原理如图 4-3 所示。

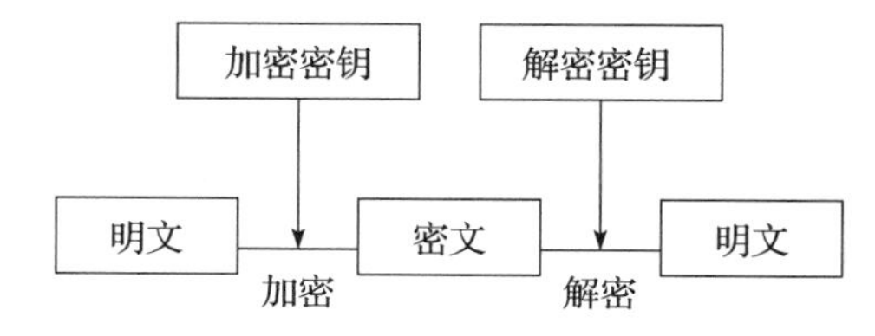

图 4-3　非对称密码体制加 / 解密原理

非对称密码体制将加密密钥和解密密钥分开，可以实现多用户加密的信息只能由一个用户解读，或一个用户加密的信息可由多用户解读。前者可用于公共网络中实现保密通信，后者则常用于实现对用户的认证。

非对称算法不需要联机密钥服务器，密钥分配协议简单，简化了密钥管理。因此，与对称密码体制相比，非对称密码体制的优势在于：非对称密码体制不但具有保密功能，还克服了密钥分发的问题，并具有鉴别功能。

非对称密码算法一般基于数学难解问题。常用的数学难题有三类：大整数分解问题类、离散对数问题类和椭圆曲线类。非对称密码体制的出现是现代密码学的一个重大突破，给数据的传输和存储安全带来了新的活力。常用的非对称密码体制有 RSA、椭圆曲

线密码体制等。

RSA 体制由 Rivest、Shamir 及 Adleman 于 1978 年提出，该体制既可用于加密，又可用于数字签名，易懂、易实现，是使用时间最长、使用范围最广的非对称密码算法。国际上一些标准化组织 ISO、ITU 及 SWIFT 等均已接受 RSA 体制作为数字签名的标准。Internet 所采用的 PGP 也将 RSA 作为传送会话密钥和数字签名的标准算法。

RSA 体制基于“大整数分解”这一著名数论难题，将两个大素数相乘十分容易，但将该乘积分解为两个大素数因子却极端困难。

在 RSA 中，公开密钥和秘密密钥是一对大素数的函数。在使用 RSA 公钥体制之前，需要为每个参与者产生一对密钥。RSA 体制的密钥产生过程为：

1）随机选取两个互异的大素数 p、q，计算二者的乘积 $n = pq$。

2）计算其欧拉函数值 $\phi(n)=(p-1)(q-1)$。

3）随机选取加密密钥 e，使 e 和 $\phi(n)$ 互素，因而在模 $\phi(n)$ 下，e 有逆元。

4）利用欧几里得扩展算法计算 e 的逆元，即解密密钥 d，以满足

$$ed \equiv 1 \bmod \phi(n)$$

则 $d \equiv e^{-1} \bmod \phi(n)$

注意：$k_{eA}=(e, n)$ 是用户 A 的公开密钥，$k_{dA}=(d, p, q, \phi(n))(e, n)$ 是用户 A 的秘密密钥。当不再需要两个素数 p、q 和 $\phi(n)$ 时，应该将其销毁。

RSA 体制的加 / 解密过程为：在对消息 m 进行加密时，首先将它分成比 n 小的数据分组 m_i，加密后的密文 c 将由相同长度的分组 c_i 组成。

对 m_i 的加密过程是：

$$c_i = m_i^e \pmod n$$

对 c_i 的解密过程是：

$$m_i = c_i^d \pmod n$$

RSA 体制的特点如下：

1）保密强度高。由于其理论基础是基于数论中大整数分解问题，当 n 大于 2048 时，目前的攻击方式还无法在有效时间内破译 RSA。

2）密钥分配及管理简便。在 RSA 体制中，加密密钥和解密密钥互异、分离。加密密钥可以通过非保密信道向他人公开，而按特定要求选择的解密密钥则由用户秘密保存，

秘密保存的密钥量减少，这就使得密钥分配更加方便，便于密钥管理，可以满足互不相识的人进行私人谈话时的保密性要求，适合于 Internet 等计算机网络的应用环境。

3）数字签名易于实现。在 RSA 体制中，只有签名方利用自己的解密密钥（又称签名密钥）对明文进行签名，其他任何人可利用签名方的公开密钥（又称验证密钥）对签名进行验证，但无法伪造。因此，此签名如同签名方的亲手签名一样，具有法律效力。产生争执时，可以提交仲裁方做出仲裁。数字签名可以确保信息的鉴别性、完整性和真实性。目前世界上许多地方均把 RSA 用作数字签名标准，并已研制出多种高速的 RSA 专用芯片。

4.1.2　网络加密方式

数据加密是一种重要的安全机制，加密技术不仅可以为用户提供保密通信，而且还是许多其他安全机制的基础。例如访问控制中身份鉴别的设计、安全通信协议的设计，以及数字签名的设计，都离不开加密技术。

网络加密的方式主要包括三种：链路加密、节点对节点加密和端对端加密。

1. 链路加密

链路加密方式是指对网络上传输的数据报文的每一位进行加密，不但对数据报文正文加密，而且把路由信息、校验值等控制信息全部加密。所以，当数据报文传输到某个中间节点时，必须被解密以获得路由信息和校验值，进行路由选择、差错检测，然后再被加密，发送到下一个节点，直到数据报文到达目的节点为止。

链路加密是指链路两端都用加密设备进行加密，使得整个通信链路传输安全。在链路加密时，每一个链路两端的一对节点都应共享一个密钥，不同节点对共享不同的密钥，则需要提供很多密钥，每个密钥仅分配给一对节点，当数据报进入一个分组交换机时，由于要读取报头中的地址进行路由选择，在每个交换机中均需要一次解密。因此，在交换机中数据报易受到攻击。

假设主机 A 和 B 之间的通信链路，经过了节点机 C。主机 A 对报文加密，主机 B 解密报文。报文在经过节点 C 时要解密，以明文的形式出现。即报文仅在一部分链路上加密，而在另一部分链路上并不加密，如图 4-4 所示。如果节点 C 不安全，则通过节点 C 的报文将产生信息泄露，则整个通信链路仍然是不安全的。

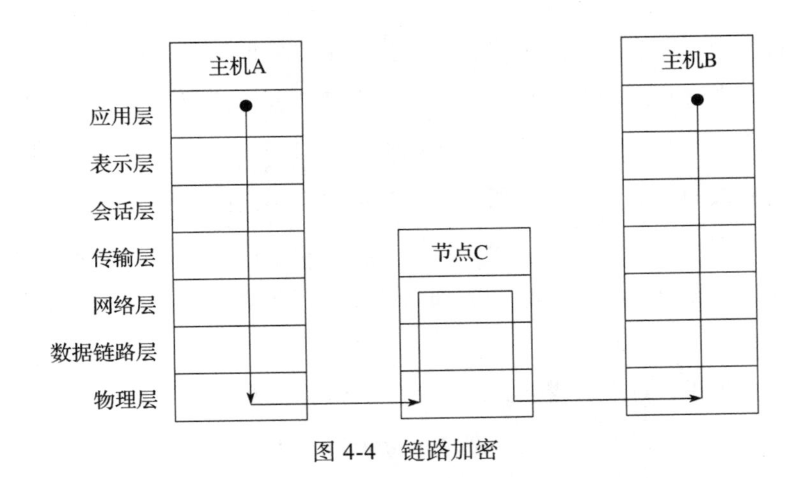

图 4-4 链路加密

2. 节点对节点加密

为了解决在节点中数据是明文的缺陷，节点对节点加密方式在中间节点内装有用于加、解密的保护装置，即由这个装置来完成一个密钥向另一个密钥的变换（报文先解密，再用另一个不同的密钥重新加密）。因而，除了在保护装置里，即使在节点内也不会出现明文。

节点对节点加密方式和链路加密方式一样，有一个共同的缺点：需要公共网络提供者配合，修改其交换节点，增加安全单元和保护装置。

另外，节点对节点加密要求报头和路由信息以明文形式传输，以便中间节点能得到如何处理消息的信息，也容易受到攻击。

3. 端对端加密

端对端加密是指只在用户双方通信线路的两端进行加密，数据以加密的形式由源节点通过网络到达目的节点。目的节点用与源节点共享的密钥对数据解密。这种方式提供了一定程度的认证功能，同时也防止网络上链路和交换机的攻击。

在传输前对表示层和应用层这样的高层完成加密，只能加密报文，而不能对报头加密。在端对端加密时，要考虑是对数据报的报头和用户数据整个部分加密，还是只对用户数据部分加密，而报头以明文形式传输。前者在数据报通过节点时无法取出报头以选择路由，而后者虽然用户数据部分是安全的，却容易受业务流量分析的攻击。

端对端加密方式也称为面向协议加密方式。由发送方加密的数据，在中间节点处不以明文的形式出现，在没有到达最终目的地接收节点之前不被解密。加密和解密只是在源节点和目的节点进行。因此，这种方式可以实现按各传输对象的要求改变加密密钥以及按应用程序进行密钥管理等，而且采用这种方式可以解决文件加密问题。

这种加密方式的优点是网络上的每个用户可以有不同的加密关键词，而且网络本身不需要增添任何专门的加密设备。缺点是每个系统必须有一个加密设备和相应的管理加密关键词软件，或者每个系统自行完成加密工作，当数据传输率是按兆位/秒的单位计算时，加密任务的计算量比较大。

链路加密方式和端对端加密方式的区别是：链路加密方式是对整个链路的传输采取保护措施，而端对端方式则是对整个网络系统采取保护措施，端对端加密方式是未来发展的主要方向。对于重要的特殊信息，还可以采用将二者结合的加密方式。

4.1.3　身份认证

身份认证与鉴别信息是数据安全、信息安全中的第一道防线，是严防“病从口入”的关口。

1. 身份认证的概念

认证是通过对网络系统使用过程中的主客体进行鉴别，并经过确认主客体的身份以后，给这些主客体赋予相应的标志、标签、证书等的过程。认证的目的是解决主体本身的信用问题和主体对客体访问的信任问题。认证是授权工作的基础，是对用户身份和认证信息的生成、存储、同步、验证和维护的全生命周期的管理。

身份认证是用户在进入系统或访问不同保护级别的系统资源时，系统确认该用户的身份是否真实、合法和唯一的过程，可以防止非法人员进入系统，防止非法人员通过违法操作获取受控信息、恶意破坏系统数据的完整性等破坏活动的发生。

2. 身份认证技术

常用的身份认证技术主要包括基于秘密信息的身份认证方法和基于物理安全的身份认证方法。

（1）基于秘密信息的身份认证方法

1）口令认证。系统给每一个合法用户一个用户名及口令，用户登录时，系统要求输入用户名和口令。如果均正确，则该用户的身份通过了认证。

口令认证的优点是方法简单。缺点是用户的口令一般较短，容易受到口令猜测攻击；口令的明文传输使得攻击者可以通过窃听信道等手段获得口令；加密口令则存在加密密钥的交互问题。

2）单向认证。单向认证需要与密钥分发相结合，是指通信的双方只需要一方被另一方鉴别的认证。

认证方法：一是采用对称密钥加密体制，通过一个可信任的第三方来实现通信双方的身份认证和密钥分发；二是采用非对称密码体制，无需第三方参与。

3）双向认证。通信双方需要互相鉴别对方的身份，然后交换会话密钥。

4）零知识证明。通常的身份认证都要求传输口令或身份信息，而零知识证明是一种不需要传输任何身份信息就可以进行认证的技术方法。其思想是：在没有将知识的任何内容泄露给验证者的前提下，使用某种有效的数学方法证明自己拥有该知识。

（2）基于物理安全的身份认证方法

基于物理安全的身份认证方法不依赖于用户知道的某个秘密的信息，而依赖于用户特有的某些生物学信息或用户持有的硬件。

基于生物学的认证方案包括基于指纹识别、人脸识别、声音识别、虹膜识别和掌纹识别等身份认证技术。

基于智能卡的身份认证机制在认证时，需要一个称为智能卡的硬件。智能卡中存有秘密信息，通常是一个随机数，只有持卡人才能被认证。它可以有效地防止口令猜测。

3. 身份认证系统的组成

身份认证系统一般包括三部分：

1）认证服务器。

2）认证系统用户端软件。

3）认证设备。

身份认证系统主要通过身份认证协议和有关软硬件实现。AAA（Authentication，Authorization，Accounting）模块是身份认证系统的关键部分，包括认证、授权和审计三部分。其中，认证（Authentication）是验证用户的身份与可使用的网络服务；授权（Authorization）是依据认证结果开放网络服务给用户；审计（Accounting）是记录用户对各种网络服务的用量，并提供给计费系统。AAA模块实现相对灵活的认证、授权和账务控制功能，并且预留了扩展接口，可以根据具体业务系统的需要，进行相应的扩展和调整。

4.1.4　签名与验签

在传统商务活动中，为了保证交易的安全与真实，一份书面合同或公文要由当事人或其负责人签字、盖章，以便让交易双方识别是谁签的合同，保证签字或盖章的人认可合同的内容，在法律上才能承认这份合同是有效的。而在网络系统中，合同或文件是以电子文件的形式表现和传递的。在电子文件上，我们使用与手写签名或盖章同等作用的数字签名。

1. 数字签名的概念

按照标准ISO7498-2定义，数字签名是“附加在”数据单元上的一些数据，或是对数据单元所做的密码变换，这种数据和变换允许数据单元的接收者用以确认数据单元的来源和数据单元的完整性，并保护数据，防止被人进行伪造。美国电子签名标准对数字签名做了如下解释：“利用一套规则和一个参数对数据计算所得的结果，用此结果能够确认签名者的身份和数据的完整性。”

《中华人民共和国电子签名法》（简称《电子签名法》）于2005年4月1日正式实施。《电子签名法》中提到的签名，一般指的是数字签名。所谓数字签名，就是通过由某种密码运算生成的一系列符号及代码组成的电子密码进行签名，来代替书写签名或印章。

数字签名，是用户使用个人的签名密钥对原始数据进行加密所得到的特殊字符串。对这种电子式签名可以进行技术验证，其验证的准确度是一般手工签名和图章验证所无法比拟的。数字签名是目前电子商务、电子政务中应用最普遍、技术最成熟、可操作性最强的一种电子签名方法，专门用于保证信息来源的真实性、数据传输的完整性和抗抵赖性。

2. 数字签名的种类

1）手写签名或图章的识别。将手写签名或印章作为图像，使用光扫描设备，将光电转换后在数据库中加以存储。当验证此人的手写签名或盖印时，也用光扫描输入，并将数据库中对应的图像调出，用模式识别的数学计算方法将两者进行对比，以确认该签名或印章的真伪。这种方法不适合在互联网上传输。

2）密码、密码代号或个人识别码。这是用一种传统的对称密钥加 / 解密的身份识别和签名方法。甲方需要乙方签一份电子文件，甲方可产生一个随机码传送给乙方，乙方用事先约定好的对称密钥加密该随机码和电子文件并回送给甲方，甲方用同样的对称密钥解密后得到电文并核对随机码。如果随机码核对正确，甲方即可认为该电文来自乙方。这种方式适合远程网络传输。但由于对称密钥管理困难，因此不适合大规模人群认证。

3）基于量子力学的计算机。基于量子力学的计算机被称作量子计算机，是以量子力学原理直接进行计算的计算机。它比传统的图灵计算机具有更强大的功能，它的速度比现代的计算机快几亿倍。量子计算机利用光子的相位特性编码。由于量子力学的随机性非常特殊，窃听者在破译这种密码时会留下痕迹，甚至密码在被窃听的同时会自动改变。可以说，这将是世界上最安全的密码认证和签名方法。

除了上述方法外，还有数字信封、数字水印、时间戳、基于 PKI 的电子签名等等。

3. 数字签名的原理

网上通信的双方在互相认证身份之后，即可发送签名的数据电文。数字签名的全过程分两大部分，即签名与验证。如图 4-5 所示，左侧为签名过程，右侧为验证过程。

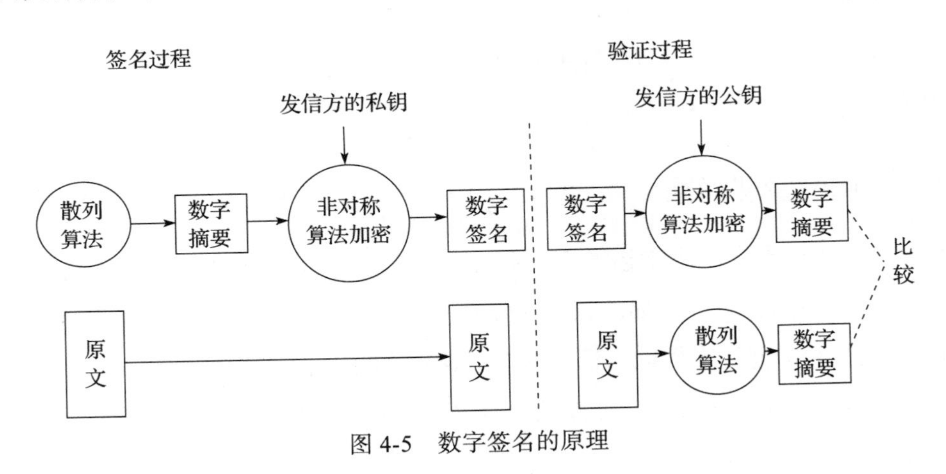

图 4-5　数字签名的原理

签名过程：发信方将原文用散列算法求得数字摘要，用签名密钥对数字摘要加密求得数字签名，然后将原文与数字签名一起发给收信方。

验证过程：收信方收到数字签名，用发信方的验证密钥验证数字签名，得出数字摘要；收信方将原文采用同样的散列算法计算新的数字摘要。如果两个数字摘要一致，说明经数字签名的电子文件传输成功。

4. 数字签名方案

为了保证签名的有效性，收/发双方绝对不能拥有完全相同的用于签名和验收的信息，利用已经讨论过的 RSA 的加解密过程，知道：

$$D(E(m)) = (m^e)^d = (m^d)^e = E(D(m)) \bmod n$$

所以 RSA 密码可以同时确保数据的保密性和真实性，因此利用 RSA 可以同时实现数字签名和数据加密。

设 m 为明文数据，$k_{eA}=(e, n)$ 是用户 A 的验证密钥（公开密钥），$k_{dA}=(d, p, q, \phi(n))$ 是 A 的签名密钥（秘密密钥）。则 A 对 m 的签名过程是：

$$S_A = D(m, K_{dA}) = (m^d) \bmod n$$

S_A 即 A 对 m 的签名。

设 A 是发送方，B 是接收方。用户 B 可以使用 A 的公开验证密钥 k_{eA} 验证：

$$E(S_A, k_{eA}) = (m^d)^e \bmod n = m$$

4.2 网络可用性

通过网络基础设施及网络层数据防泄露设备的备份建设，可实现网络的高可用性，从而保证数据传输过程的稳定性。

4.2.1 可用性管理指标

网络的可用性是指在某特定时间段内，网络正常工作的时间段占总时间段的百分比，一般用包含“9 的数量”（例如，五个 9 代表网络在 99.999% 的时间里都是可用的）和“尽可能少的停机时间”来衡量。然而在运行多应用的网络中，可用性并不仅仅指 9 的数量有多少，也不在于特定的设备或连接是否停机，而指的是当用户需要某种应用时，网络是否能满足用户的需求。

典型的可用性指标计算公式包括：总可用性 = 1-（停机时间 / 运行时间）；设备可用性 = MTBF/（MTBF+MTTR）。其中 MTBF（Mean Time Between Failure）为平均无故障时间，MTTR（Mean Time To Repair）为平均修复时间。

这些公式不仅被用来计算可用性，同时也帮助网络管理员了解哪类因素必须被捕捉，以用来完成计算。显然，最重要的数据应该是MTBF和MTTR，对每个设备和每条通路都应该收集和分析这两个数据。

网络可用性分析和测量的依据是设备说明书上提供的理论MTBF数值、软件发行商提供的理论数值以及电源供给的理论数值，首先计算网络中的硬件、软件和电源供给的可用性，进而计算网络在理论上能够达到多高的可用性。

可用性的评估是重要的，它可以尽早地指出网络中哪些环节需要改进以满足需求。同时通过可用性的评估，可以帮助预测停机造成的损失和提升网络性能得到的投资回报。

4.2.2 负载均衡

网络中对数据的处理能力主要依靠服务器的性能。单台服务器每秒能处理的请求数量，远远低于爆炸式增长的信息流量，单台服务器无法满足常规需求。将若干台服务器组成一个系统，按照设定好的算法将服务请求分配至系统中的服务器，这些服务器采用合作协同或平分负担处理请求的方法，就可以处理每秒数以百万计的请求，这就是负载均衡最初的设计思想。

1. 负载均衡的概念

负载均衡是一种将请求均衡分配到多个服务器资源上，从而可以提高资源利用率、缩短请求响应时间和增加系统吞吐量的计算机网络技术。它的产生为现有网络结构提供了一种廉价、有效的提高性能的方法，避免因节点负载分配不均而导致系统不稳定的问题。

负载均衡存在的意义是为了将主机的请求平均分配给若干台服务器，避免较多的请求拥塞在部分链路，而其他链路空闲的情况，以更小的延迟和更高的吞吐量来服务主机。负载均衡的表现主要是是否能够尽可能降低响应时间、是否能够最大化提高系统吞吐量、是否能够使得服务器之间处理请求的分配相对均衡、是否具有更高的可靠性。

2. 负载均衡中的任务调度和资源分配

在负载均衡的过程中，一个服务请求称为一个任务。任务调度和资源分配是负载均衡的两个核心问题，但二者侧重点不同。

任务调度是指将用户提交的服务请求调度到服务资源上，它是一个不同服务请求竞争服务资源的过程，在任务调度时重点考虑的是服务请求的响应时间和请求的服务质量等信息，使得任务调度相对公平，从而保证请求的服务质量及调度的公平性。

资源分配是指资源提供方将服务资源分配给服务请求，它是一个不同服务资源通过协同合作完成服务请求分配的过程，在资源分配时重点考虑的是服务资源的利用率，使得服务资源分配相对均衡，从而保证服务资源间的均衡性。

虽然二者概念不同，但二者在负载均衡过程中是相辅相成的，资源分配过程中会涉及任务调度，资源分配的效果也会影响任务调度的结果。

3. 负载均衡的目标

负载均衡是为了平均分配服务请求，最根本的目标就是通过某种合理的负载调度算法均衡分配服务请求，从而缩短请求的响应时间，提高系统资源利用率，保证任务调度的公平性和资源分配的均衡性，进而满足请求的服务质量，具体可以细分为以下5个方面：

1）系统资源方面：最大化系统资源利用率，提高系统的吞吐量，改进系统性能，保证系统资源分配的均衡性。

2）服务请求方面：使用某种合理的调度策略将服务请求调度到服务器节点上执行，缩短请求的响应时间，保证服务请求调度的公平性和服务质量，这也是负载均衡的实现手段和最根本目标。

3）系统容错方面：能够通过负载均衡技术将出错服务器上的负载迁移到正常服务器节点上执行，使系统具有高容错性，保证系统在有故障发生时能够正常稳定地运行。

4）系统稳定性方面：能够应对访问量突然增加的情况，不会因为访问量的突增造成系统的瘫痪，保证系统稳定地运行。

5）系统自适应方面：通过负载均衡技术，使得系统能够根据实际使用情况自适应地进行性能调节，从而获得最大的资源利用率。

4. 负载均衡算法分类

按照负载调度策略不同，负载均衡调度算法分为静态负载均衡算法、动态负载均衡算法以及动态反馈负载均衡算法。

（1）静态负载均衡算法

静态负载均衡算法按照事先已设计好的请求调度策略，不考虑各节点的真实负载情况，因此该算法并行性较差，只适用于请求明确且固定的情况；静态负载均衡算法不会产生额外的系统开销，但是不能根据各节点的真实负载状况做出合理的请求分配调整。

常用的静态负载均衡算法有轮询（Round Robin）、加权轮询（Weighted Round Robin）。

以轮询法为例：负载均衡器将服务请求按顺序轮流分配给集群中的各节点，导致低配置节点获得与高配置节点同样多的服务请求，没有发挥出高配置节点应有的作用。静态负载均衡算法按照固定的负载均衡策略进行分配，算法简单、配置方便、运行速度快，但是没有考虑节点实时运行中的负载变化及服务请求强度的差异，当集群运行一段时间后容易造成集群负载不均衡，因此仅适用于任务相对固定的场景，不适用于复杂的应用场景。

（2）传统动态负载均衡算法

针对静态负载均衡算法灵活性差，无法根据实时网络情况进行方案部署的问题，在静态负载均衡算法的基础上，研究者们提出了动态负载均衡算法，该类算法能够实时分析网络和服务器的当前状况，根据实时负载信息，动态地将请求平均分配到服务器中。

常用的动态负载均衡算法有最小连接（Least Connection，LC）算法、加权最小连接（Weighted Least Connection，WLC）算法等。

以最小连接算法为例：负载均衡器以任务连接数作为衡量节点负载状况的指标，将请求分配给当前任务连接数最少的节点进行处理。在同构服务集群中，最小连接数算法可以较好地反映当前各服务节点的负载状况；但是在异构服务集群，由于各节点处理性能的不同以及服务请求强度的差异，仅通过任务连接数不能较好地反映当前负载状况和剩余服务处理资源，因此它不适应异构系统。

（3）动态反馈负载均衡算法

动态反馈负载均衡算法是对传统动态负载均衡算法的改进，即采用动态反馈机制的负载均衡策略，通过定期对各服务节点负载指标和任务连接数更新，进而及时掌握各节点状态，及时调整各节点请求分配，服务请求分配更加智能化，避免了某服务节点负载过重时仍收到大量的服务请求，提高了集群的整体服务性能。

由于动态负载均衡算法的高度灵活性，可以通过获取网络当前状况进行动态负载调度，因此，在大多数实际环境中，动态负载均衡算法的表现要优于静态负载均衡算法。

4.2.3 大数据防泄露

信息系统中最核心的资产是数据，数据资产需要具备机密性、完整性和可用性，以保证数据不会被非法外泄，不会被非法篡改，同时不影响数据使用者的使用方式和习惯。

1. 大数据防泄露技术

实现大数据防泄露的技术路线主要有三种。

（1）数据加密技术

数据加密是国内数据泄露防护的基本技术之一，包含磁盘加密、文件加密、透明文档加解密等技术路线。

其中，透明文档加解密最为常见。透明文档加解密技术通过过滤驱动对受保护的敏感数据内容进行相应参数的设置，从而对特定进程产生的特定文件进行选择性保护，写入时加密存储，读取文件时自动解密，整个过程不影响其他受保护的内容。

加密技术从数据泄露的源头对数据进行保护，在数据离开企业内部之后也能防止数据泄露。但加密技术的密钥管理十分复杂，一旦密钥丢失或加密后的数据损坏，将造成原始数据无法恢复的后果。对于透明文档加解密来说，如果数据不是以文档形式出现，将无法进行管控。

（2）权限管控技术

数字权限管理（Digital Right Management，DRM）即通过设置特定的安全策略，在敏感数据文件生成、存储、传输的瞬态实现自动化保护，以及通过条件访问控制策略防止敏感数据非法复制、泄露和扩散等操作。

DRM技术通常不对数据进行加解密操作，仅通过细粒度的操作控制和身份控制策略来实现数据的权限控制。权限管控策略与业务结合较紧密，对用户现有业务流程有影响。

（3）基于内容深度识别的通道防护技术

基于内容的数据防泄露（Data Loss Prevention，DLP）概念最早源自国外，是一种以不影响用户正常业务为目的，对企业内部敏感数据外发进行综合防护的技术手段。

DLP 以深层内容识别为核心，基于敏感数据内容策略定义，监控数据的外传通道，对敏感数据外传进行审计或控制。DLP 不改变正常的业务流程，具备丰富的审计能力，便于对数据泄露事件进行事后定位和及时溯源。

三种大数据防泄露技术各有优劣，对比情况如表 4-3 所示。

表 4-3　防泄露技术对比

技术路线	主动泄密防御	与应用程序兼容性	被绕过难度	是否易造成数据损坏	部署方式	系统效率影响	业务影响	用户使用习惯改变
透明文档加解密	能	一般	较难	是	复杂	大文件加密速度慢	有影响	有改变
权限管控	能	一般	一般	否	复杂	不影响	影响较大	改变较大
基于内容深度识别的通道防护	能防御部分	极好	一般	否	简单	串行网关可能造成网络瓶颈	无影响	无改变

2. 大数据防泄露工作的困难

经过多年的发展，大数据防泄露的合规性技术已经发展得十分完善，较好地解决了合规数据的识别和泄露行为的实时监控问题。但随着数据泄露事件的不断出现，新的监控要求和实际的用户场景都对大数据防泄露提出了更高、更实际的需求，也使现有数据泄露防护技术面临新的困难与挑战。

1）合规监管。数据安全已经不仅仅是企业自身所面临的风险，个人信息泄露事件同样需要行之有效的技术手段进行防护。在国家层面的法律法规中同样也有明确规定，《网络安全法》《个人信息安全规范》陆续出台，从法律法规层面对数据防泄露产品提出了更多的合规监管要求，也为大数据防泄露技术发展提供了更可靠的参考和依据。

2）安全策略定义困难。数据防泄露（DLP）产品严格依赖策略定义来执行工作流程，DLP 策略的制定需要有数据拥有者参与，而往往实施 DLP 产品的技术部门对敏感数据接触较少，不清楚哪些是敏感信息，对其泄露产生的后果也无法评估，因此不容易定义出有效的安全策略。

3）误报率高。DLP 产品由于策略定义困难的原因，经常会在上线初期通过定义宽松的策略，运行一段时间观察效果，并根据检测结果对策略进行调优，以达到比较好的效果。但由于缺少业务部门对数据风险类型和等级的输入，策略定义宽松会造成大量的误报告警事件，尤其是在关键词策略定义过于简单或正则表达式策略的命中次数限定过少时。

4）预警滞后。DLP产品要保护的对象是在企业内部以非结构化形式存储或流动的数据，其使用场景是防止内部人员有意或无意识地造成数据泄露，希望达到的效果是发现泄露时能够快速响应和追责，更好的效果是能够实时阻止甚至提前防止此类事件的发生。传统的DLP产品解决了快速响应和实时阻止的问题，却没有能够很好地达到准确溯源和提前预防的效果。

3. 大数据防泄露发展方向

为解决DLP面临的实际困难和问题，并更好地应对国家、行业的监管要求，大数据防泄露产品开始跳出固有框架，寻找新的技术路线。目前大数据防泄露技术模型主要包括两个最主要的发展方向。

（1）数据安全治理

Gartner在2017年提出“持续自适应安全风险和信任评估”（Continuous Adaptive Risk and Trust Assessment，CARTA）的安全理念，这是一种全新的战略架构。在数据安全领域实施时，该架构分为发现（Discover）、监测（Monitor）、分析（Analyze）和防护（Protect）四个象限，对用户、设备、应用、行为和数据进行持续可视化和评估。

对于DLP产品来说，一般从CARTA架构的Monitor象限开始，先使用审计方式，采用比较宽松的策略，且只检测一小部分非结构化数据，然后陆续进入Analyze和Protect象限。但由于一开始跳过了Discover象限，DLP产品往往很难进入Protect象限，或更好地发挥作用，需要对数据有更直观、系统的了解。

数据安全治理的第一步就是数据发现与分类，基于数据分类的结果，可以解决很多实际数据安全问题，并对现有数据安全产品形成有效补充。

要确定数据安全防护的目标，首先要了解要保护的数据有哪些、它们分布在什么位置。数据发现技术能够对各个数据存储仓库中的数据进行自动遍历，发现敏感数据的存储位置，检查敏感数据的用户和使用者是否符合安全制度要求，并可以监控敏感数据的用户权限和流转过程。

为了便于制定数据安全保护策略，在发现了全部敏感数据的分布位置之后，需要对数据资产进行分级分类，并根据分类结果，筛选出重点要保护的数据资产，进而进行数据敏感性标识。

分类结果需要标记到对应的数据中，基于分类标记可以实现对数据生命周期的流转追踪和数据资产的可视化展示。

根据不同的数据标记，可以为不同安全级别的数据制定有针对性的安全保护策略，如对数据进行权限分配或修改，或执行对应的防护动作（加密、脱敏、移动、隔离、删除），从而提炼出可实施的策略方案。

传统的DLP技术路线主要覆盖数据生命周期中的存储、使用、传输、共享几个部分，通过数据安全治理框架，解决了数据发现与分类标记之后，配合不同部署方式和技术路线，DLP可以覆盖整个数据生命周期的全部环节。

（2）以人为中心的内部威胁检测

现有的威胁防护手段主要针对抵抗外部攻击，却忽略了内部人员的潜在威胁。内部员工已成为保护企业重要数据的薄弱环节，尤其是对内部员工的社交攻击往往无法被安全网关检测到。Gartner认为要改变安全现状，需要以人为中心的安全策略，将企业的安全防护重心倾向于强化人的责任和信任，弱化控制型、阻止型防护手段。

内部威胁防护是一种新的安全防护模型，它以人为中心，以数据为目标，通过数据内容分类和用户行为分析，很好地解决了传统DLP技术误报率高、预警滞后的问题。

1）用户行为建模。传统的DLP只关注数据内容和数据外传的通道，而数据本身是不会自己移动的，是人移动的数据，因此更应该关注人的行为，特别是人对数据的操作行为。传统DLP与用户实体行为分析（UEBA）技术相结合，在敏感数据内容监控的基础上，对内部用户的操作行为进行基线建模，根据异常行为分析和风险变化动态调整数据安全策略，达到用户、数据之间综合分析，发现未知数据泄露渠道，提前感知数据泄露风险的效果。

2）数据检测与响应。对内容的理解和对通道的覆盖决定了DLP仍然是解决内部威胁、数据泄露风险管控的主要技术。传统的企业DLP技术在结合了用户行为建模与分析后，由于缺少对内部威胁行为的快速响应，仍不足以防止内部威胁，因此数据检测与响应（Data Detection and Response，DDR）技术应运而生。DDR技术只关注与数据相关的检测与响应，通过网络和终端两个层面对数据内容和数据操作行为的信息进行收集和建模，对异常用户行为进行自动感知并按照策略执行对应的防护动作，可以提前阻止数据泄露行为的发生。同样的操作，由于人员风险等级不同，执行的管控策略也可能不同，并在终端执行自动响应动作。

DDR 技术将传统 DLP 的防护范围向内推进，起到了提前预警的作用，同时降低误报率，便于溯源取证。与传统 DLP 模型相比，DDR 模型综合了数据风险和行为分析，并具有很好的终端感知与联动能力，可以有效防止特权账户滥用、账户被盗等带来的数据泄露风险。

4.3 大数据的存储

4.3.1 存储媒体

针对组织内需要对数据存储媒体进行访问和使用的场景，提供有效的技术和管理手段，防止对媒体的不当使用而引发的数据泄露风险。存储媒体包括终端设备及网络存储。

存储媒体又称为存储介质，是指存储二进制信息的物理载体，这种载体具有表现两种相反物理状态的能力，存储器的存取速度就取决于这两种物理状态的改变速度。

1. 存储媒体的分类

按照使用的存储介质不同，可以分为半导体器件存储器、磁性材料存储器和光学材料存储器。

1）用半导体器件做成的存储器称为半导体存储器。从制造工艺的角度又把半导体存储器分为双极型和 MOS 型等。

2）用磁性材料做成的存储器称为磁表面存储器，如磁盘存储器和磁带存储器。

3）用光学材料做成的存储器称为光表面存储器，如光盘存储器。

2. 存储媒体的安全

为避免存储介质损坏、存储的信息丢失或信息被窃取等情况对网络系统造成损失，须对存储介质实施安全措施。对存储介质的保护措施主要包括以下几种：

1）建立专用存储介质库，访问人员限于管理员。

2）旧存储介质销毁前应清除数据。

3）存储介质不用时均于存储介质库存放，并注意防尘、防潮，远离高温和强磁场。

4）避免使存储介质受到强烈震动，如从高处坠落、重力敲打等，以防介质中存储的数据丢失。

5）对介质库中保存的介质应定期检查，以防信息丢失。

6）明确存储介质的保质期，并在保质期内转储须长期保存的数据。

4.3.2 分布式存储

基于组织内部的业务特性和数据存储安全要求，应建立针对数据逻辑存储、存储容器等的有效安全控制。

分布式存储系统，是将数据分散存储在多台独立的设备上。传统的网络存储系统采用集中的存储服务器来存放所有数据，存储服务器成为系统性能的瓶颈，也是可靠性和安全性的焦点，不能满足大规模存储应用的需要。分布式存储系统采用可扩展的系统结构，利用多台存储服务器分担存储负荷，利用位置服务器定位存储信息，不但提高了系统的可靠性、可用性和存取效率，还易于扩展。

1. 分布式存储原则

1）一致性。分布式存储系统需要使用多台服务器共同存储数据。随着服务器数量的增加，服务器出现故障的概率也在不断增加。为了保证在有服务器出现故障的情况下系统仍然可用。一般做法是把一个数据分成多份存储在不同的服务器中。由于故障和并行存储等情况的存在，同一个数据的多个副本之间可能存在不一致的情况，需要保证多个副本的数据完全一致。

2）可用性。分布式存储系统需要多台服务器同时工作。当服务器数量增多时，其中的一些服务器出现故障是在所难免的。在系统中的一部分节点出现故障之后，系统整体上不影响客户端的读 / 写请求。

3）分区容错性。分布式存储系统中的多台服务器通过网络进行连接，分布式系统需要具有一定的容错性来处理网络故障带来的问题。当一个网络因为故障而分解为多个部分的时候，分布式存储系统仍然能够工作。

2. 关键技术

（1）元数据管理

在大数据环境下，元数据的体量非常大，元数据的存取性能是整个分布式文件系统性能的关键。

常见的元数据管理分为集中式和分布式元数据管理架构。集中式元数据管理架构采用单一的元数据服务器，实现简单，但是存在单点故障等问题。分布式元数据管理架构则将元数据分散在多个节点上，解决了元数据服务器的性能瓶颈等问题，提高了元数据管理架构的可扩展性，但实现较为复杂。

另外，还有一种无元数据服务器的分布式架构，它通过在线算法组织数据，不需要专用的元数据服务器。但是该架构对数据一致性的保障很困难，实现较为复杂，文件目录遍历操作效率低下，缺乏文件系统全局监控管理功能。

（2）系统弹性扩展技术

在大数据环境下，数据规模和复杂度的增长非常迅速，对系统的扩展性能要求较高。实现存储系统的高可扩展性首先要解决两个方面的重要问题，包含元数据的分配和数据的透明迁移。元数据的分配主要通过静态子树划分技术实现，后者则侧重数据迁移算法的优化。

大数据存储体系规模庞大，节点失效率高，需要完成一定的自适应管理功能。系统必须能够根据数据量和计算的工作量估算所需要的节点个数，并动态地将数据在节点间迁移，以实现负载均衡；节点失效时，数据必须可以通过副本等机制进行恢复，不能对上层应用产生影响。

（3）存储层级内的优化技术

构建存储系统时，基于成本和性能考虑，通常采用多层不同性价比的存储器件，组成存储层次结构。大数据的规模大，因此构建高效合理的存储层次结构，可以在保证系统性能的前提下，降低系统能耗和构建成本。利用数据访问局部性原理，可从两个方面对存储层次结构进行优化。

从提高性能的角度，可以通过分析应用特征，识别热点数据并对其进行缓存或预取，通过高效的缓存预取算法和合理的缓存容量配比，以提高访问性能。

从降低成本的角度，采用信息生命周期管理方法，将访问频率低的冷数据迁移到低速廉价存储设备上，在小幅牺牲系统整体性能的基础上，大幅降低系统的构建成本和能耗。

（4）针对应用和负载的存储优化技术

传统数据存储模型需要支持尽可能多的应用，因此需要具备较好的通用性。大数据具有大规模、高动态及快速处理等特性，通用的数据存储模型通常并不是最能提高应用性能的模型。大数据存储系统对上层应用性能的关注远远超过对通用性的追求。

针对应用和负载来优化存储，就是将数据存储与应用耦合。简化或扩展分布式文件系统的功能，根据特定应用、特定负载、特定的计算模型对文件系统进行定制和深度优化，使应用达到最佳性能。这类优化技术应用在谷歌、Facebook 等互联网公司的内部存储系统上，管理超过千万亿字节级别的大数据，能够达到非常高的性能。

4.3.3 大数据备份和恢复

数据存储系统应提供完备的数据备份和恢复机制来保障数据的可用性和完整性，一旦发生数据丢失或破坏，可以利用备份来恢复数据，从而保证在故障发生后数据不丢失。

常见的备份与恢复机制有：

1）异地备份。异地备份是保护数据最安全的方式。在发生火灾、地震等重大灾难的情况下，在其他保护数据的手段都不起作用时，异地备份的优势就体现出来了。困扰异地备份的问题在于速度和成本，这要求拥有足够带宽的网络连接和优秀的数据复制管理软件。

2）RAID。RAID（独立磁盘冗余阵列）可以减少磁盘部件的损坏；RAID 系统使用许多小容量磁盘驱动器来存储大量数据，并且使可靠性和冗余性得到增强；所有的 RAID 系统的共同特点是“热交换”能力，即用户可以取出一个存在缺陷的驱动器，并插入一个新的予以更换。对大多数类型的 RAID 来说，不必中断服务器或系统，就可以自动重建某个故障磁盘上的数据。

3）数据镜像。数据镜像就是保留两个或两个以上在线数据的备份。以两个镜像磁盘为例，所有写操作在两个独立的磁盘上同时进行；当两个磁盘都正常工作时，数据可以从任一磁盘读取；如果一个磁盘失效，则数据可以从另外一个正常工作的磁盘读出。远程镜像根据采用的写协议不同可划分为两种方式，即同步镜像和异步镜像。本地设备遇到不可恢复的硬件损坏时，仍可以启动异地与此相同环境和内容的镜像设备，以保障服务不间断。

4）快照。快照可以是其所表示数据的一个副本，也可以是数据的一个复制品。快照可以迅速恢复遭破坏的数据。快照的作用主要是能够进行在线数据备份与恢复。当存储设备发生应用故障或者文件损坏时可以进行快速的数据恢复，将数据恢复到某个可用时间点的状态。

数据量比较小的时候，备份和恢复数据比较简单，随着数据量达到PB级别，备份和恢复如此庞大的数据成为棘手的问题。目前Hadoop是应用最广泛的大数据软件架构，Hadoop分布式文件系统HDFS可以利用其自身的数据备份和恢复机制来实现数据可靠保护。

在大数据环境下，数据的存储一般都使用HDFS自身的备份与恢复机制，但对于核心的数据，远程的容灾备份仍然是必需的。其他额外的数据备份和恢复策略需要根据实际需求来制定。

4.4 小结

本章内容分析了大数据传输和存储两个环节的常见问题；为了保证数据的安全传输，介绍了保护数据机密性的加解密机制，保护数据完整性的认证机制，以及保护网络可用性的管理办法；最后介绍了数据安全存储的技术。

习题4

1. 比较对称密码体制和非对称密码体制的加解密原理有哪些不同。
2. 给出对明文 m 加密签名的过程。
3. 网络加密的方式有哪些？分析它们的优缺点。
4. 身份认证有哪些方法？
5. 如何评价网络的可用性？
6. 什么是负载均衡？负载均衡有哪些方法？
7. 防止大数据泄露的常用技术有哪些？
8. 常用的存储媒体有哪些？提高存储媒体安全性的措施有哪些？
9. 试分析分布式存储的原则。
10. 说明常用的备份与恢复机制。

第5章

大数据处理安全

在发布、挖掘数据等处理过程中，未经数据信息拥有者的同意，随意存储和处理其个人的信息数据，使得数据信息拥有者失去了对自身数据的控制，容易造成个人隐私信息被泄露。如何保证隐私不被泄露，同时又保证处理后的数据具有高可用性，是数据隐私保护研究领域中的重大挑战。

5.1 数据脱敏

不同的数据，其敏感属性不尽相同。不同的个体，隐私保护需求的程度也有所区别。数据脱敏是指对某些敏感信息通过脱敏规则进行数据的变形，实现敏感隐私数据的可靠保护。

5.1.1 数据属性

1. 隐私的概念

在维基百科中，隐私的定义是个人或者团体将自己或者自己的属性隐藏起来的能力，从而可以选择性地表达自己。换句话说，隐私是可确认特定个人或者团体的身份或特征，但是个人或者团体不希望被泄露的敏感信息。具体到应用中，隐私即用户不愿公开的敏感信息，包括用户的基本信息以及用户的敏感数据，例如，收入数据、病患数据、个人轨迹数据、个人消费数据、公司财务信息等敏感数据都属于隐私。

针对不同的数据以及数据拥有者，隐私的定义会存在差异。主要原因是其与人们对隐私的认知与历史条件、个体受教育程度、社会文化背景等因素密切相关，即便针对相同的信息，不同的群体或者个体对隐私的定义也可能不同。例如，有的病人认为自己的病症信息属于个人隐私，但是对于某些人而言却不视为隐私或者视为不敏感度隐私；有些用户的数据对于现在来说可能是隐私，但几年后可能就不再是隐私。因此，隐私根据不同类型可以划分为五大类：

1）财务隐私：与银行和金融机构相关的隐私。

2）互联网隐私：使用户在互联网上暴露该用户自己的信息以及谁能访问这些信息的能力。

3）医疗隐私：对病患疾病信息或者治疗信息的保护。

4）政治隐私：用户在投票或者投票表决时的保密权。

5）信息隐私：数据和信息的保护。

针对个性化隐私，根据数据相关者不愿公开、显示出来的敏感信息的个性化需求，应采用不同的隐私保护技术对数据进行保护，防止相关者的隐私信息泄露。

2. 数据的属性

待处理或者待匿名的数据叫做原始数据表。在由 n 条记录组成的数据表中，每一条记录（即一个元组）一般会包含多个属性，可以根据这些属性功能将其分为标识符属性、准标识符属性、敏感属性、非敏感属性。

1）标识符属性：可以根据其属性的值标识和确定某个个体的属性值，如学号、姓名、公民身份证等。在隐私处理过程中通常是采用抑制的技术方法直接删除标识符属性，以保护待发布数据集中存在的个人隐私信息。

2）准标识符（Quasi-Identifier，QID）属性：可以通过链接其他数据表识别个体的属性或属性集合，如性别属性、邮编属性、年龄属性等。因此，该属性是由可以链接当前数据表的外表决定的，如果外表不同，即便是同一个数据集，也需要定义不同的属性或者组合作为准标识符属性。

3）敏感属性：具有含有个体隐私信息的属性，比如健康状况、工作情况、收入情况、婚姻等。由于隐私是根据个体隐私需求定义的，因此敏感属性的确定也取决于不同的个体。

4）非敏感属性：不包含个体信息的属性，公开发布不会对个体有影响，又称为普通属性。

例如表5-1所示的某医院的病历原始数据表，表中Name对应的是标识符属性，对原始数据表操作时应采用抑制技术删除其属性；Sex、Age、Zipcode是准标识符属性，对表操作时应该进行匿名化操作；Disease是敏感属性。

表5-1 病历数据

ID	Name	Sex	Age	Zipcode	Disease
1	Fred	Male	22	12001	Pneumonia
2	Cindy	Male	28	12233	Pneumonia
3	Ken	Male	33	12244	Pneumonia
4	Bob	Female	50	14248	Flu
5	Job	Female	42	14206	HIV
6	Dana	Male	69	14399	Headache
7	Mary	Male	46	14305	Flu

5.1.2 数据匿名化

匿名化技术是指在数据发布阶段，通过一定的技术，将数据拥有者的个人信息及敏感属性的明确标识符删除或修改，从而无法通过数据确定到具体的个人。

1. 匿名化模型

基于数据匿名化的隐私保护技术在隐私保护中占据着重要的地位。为了对抗各种隐私攻击，专家学者们提出了一系列匿名保护模型。在众多的模型中，K-匿名模型、L-多样性模型及T-近似模型是经典的3种隐私保护模型，许多模型都是以它们为原型进行优化及改进而产生的。

（1）K-匿名（K-anonymity）模型

K-匿名模型是指对数据进行泛化处理，主要是为了解决数据发布过程中存在链接攻击造成隐私泄露的问题，其基本思想是在发布时对数据集进行匿名化。处理后的数据表中，每条记录至少存在k-1条记录的准标识符列的属性值与其一样。这种准标识符列的属性值相同的行的集合被称为相等集，相同准标识符的所有记录称为一个等价类。

K-匿名模型要求对于任意一行记录，其所属的相等集内记录数量不小于k，且至少有k-1条记录的准标识符列属性值与该条记录相同。当攻击者在进行链接攻击时，对任意一条记录攻击会关联到等价组中的其他k-1条记录，使攻击者无法确定用户特定相关记录，从而保护了用户的隐私。

K- 匿名模型实现了以下几点隐私保护：

1）攻击者无法知道攻击对象是否在公开的数据中。

2）攻击者无法确定给定某人是否有某项敏感属性。

3）攻击者无法找到某条数据对应的主体。

K- 匿名模型通过破坏个体与记录之间的关联关系，在一定程度上避免了个人标识泄露的风险，但由于 K- 匿名模型并没有对敏感属性进行约束，使得它存在同质攻击和背景知识攻击造成隐私泄露的风险。

即便等价类中敏感属性上敏感属性的取值相同，匿名后的数据集满足了 K- 匿名模型的等价类中准标识符属性值一致的约束要求，但攻击者借助相关的背景知识，可以推断出隐私信息与个体的关系，造成个体的隐私信息泄露。

K- 匿名模型在实施过程中随着 k 值的增大，数据隐私保护增强，但数据的可用性也随之降低。

（2）L- 多样性（L-Diversity）模型

Machanavajjhal 等人提出基于敏感属性多样性的 L- 多样性匿名隐私算法，要求 K- 匿名后每个等价类 E 中敏感属性对应的值至少有 L 个较好表现，则称数据表满足 L- 多样性。

例如，表 5-2 为满足 2- 多样性约束的匿名后的数据表，每个等价类中不同敏感属性值的个数至少为 2，保证了匿名后数据集中敏感值的多样性，但它没有考虑到属性值之间的相关性。

表 5-2　2- 多样性匿名表

ClassId	ID	Sex	Age	Zipcode	Disease
1	1	Male	20 ～ 35	122**	Pneumonia
	2	Male	20 ～ 35	122**	Respiratory
	3	Male	20 ～ 35	122**	Pneumonia
2	4	Female	40 ～ 50	142**	Flu
	5	Female	40 ～ 50	142**	HIV
3	6	Male	45 ～ 70	143**	Headache
	7	Male	45 ～ 70	143**	Flu

例如，如果攻击者获取了 Dana 的性别、年龄和邮编，虽然无法获取 Dana 患病的具体情况，但是通过等价类中的 Flu、Headache，可推测 Dana 的感冒情况以及一些隐私信息，如身体状况、消费情况等。

（3）T- 近似（T-Closeness）模型

如果等价类 E 中的敏感属性取值分布与整张表中该敏感属性的分布的距离不超过阈值 T，则称 E 满足 T- 近似。如果数据表中所有等价类都满足 T- 近似，则称该表满足 T- 近似。

T- 近似能够抵御偏斜型攻击和相似性攻击，通过 T 值的大小来平衡数据可用性与用户隐私保护程度。由于其标准要求较高，T- 近似在实际应用中也存在以下不足：

1）T- 近似只是一个概念或者标准，缺乏标准的方法来实现。

2）T- 近似需要每个属性都单独泛化，加大了属性泛化的难度及执行时间。

3）T- 近似隐私化实现起来困难且以牺牲数据可用性为代价。

4）不能抵御链接攻击。

2. 实现匿名化的方法和技术

（1）泛化技术

通常将 QID（准标识符）的属性用更抽象、概括的值或区间代替。泛化技术实现较为简单，可分为全局泛化和局部泛化两类。全局泛化也称为域泛化，是将 QID 属性值从底层开始同时向上泛化，一层一层泛化，直至满足隐私保护要求时停止泛化。局部泛化也称为值泛化，是指将 QID 属性值从底层向上泛化，但可以泛化到不同层次。单元泛化及多维泛化是典型的局部泛化。单元泛化只对某个属性的一部分值泛化。多维泛化可以对多个属性的值同时泛化。

泛化技术的优点是不引入错误数据，方法简单，泛化后的数据适用性强，对数据的使用不需要很强的专业知识。其缺点是预定义泛化树没有统一标准，信息损失大，对不同类型数据的信息损失度量标准不同。泛化技术使用注意事项如下：

1）连续数据发布不适合泛化技术。

2）泛化过程是一个耗时过程，计算并找到合适泛化结果须以时间为代价。

3）筛选及确认合适的泛化子集是工作难点，但也是工作重心。

4）过度泛化会导致数据损失。

5）要科学合理地使用全局和局部泛化。

（2）抑制技术

抑制又称为隐藏，即抑制（隐藏）某些数据。具体的实现方法是将QID属性值从数据集中直接删除或者用诸如“*”等不确定的值来代替原来的属性值。采取这样的方式可以直接减少需要进行泛化的数据，从而降低泛化所带来的数据损失，保证相关统计特性达到相对比较好的匿名效果，保证数据在发布前后的一致性、真实性。抑制可分为3种方式：记录抑制、值抑制及单元抑制。其中，记录抑制是指将数据表中的某条记录进行抑制处理；值抑制是指将数据表中某个属性的值进行抑制处理；而单元抑制是指将表中某个属性的部分值进行抑制处理。

抑制技术的优点表现为在泛化前使用可减少信息损失，缺点是不适合复杂场景，发布数据量太少，会降低数据的真实性和可用性。抑制技术使用注意事项如下：

1）抑制的数据太多时，数据的可用性将大大降低。

2）抑制是一种精粒度的泛化，泛化与抑制技术配合使用是达到较好匿名效果的一项重要举措。

（3）聚类技术

聚类是一种通过一定的规则将相似的对象划分到同一个簇中的技术方法，通过不断迭代，使得同一个簇内相似，不同簇的对象相异。

基于聚类的匿名是将原始数据划分成至少包含k条记录的簇，再对每个簇进行泛化和抑制操作，生成等价类。

基于逆聚类的方式，是将敏感属性值相异的值划分到一个簇，然后再对每个簇进行泛化和抑制操作。

（4）分解技术

分解是在不修改准标识符属性和敏感属性值的基础上，采用有损连接的方法来弱化两者之间的关联。具体做法是：先根据敏感属性值对原始数据表进行拆分，将准标识符（QID）与敏感属性（SV）分别拆分到不同的子表中，同时给两张子表分别增加一个公共属性“组标识符”（GroupID），并用GroupID值来标识属于同一组内记录的两个子表中的数据，以实现拆分后子表的有损连接。

（5）数据交换技术

数据交换是按照某种规则对数据表中的某些数据项进行交换，首先将原始数据集划分为不同的组，然后交换组内的敏感属性值，使得准标识符与敏感属性之间失去联系，以此来保护隐私。

（6）扰乱技术

扰乱是指在数据发布前通过加入噪声、引入随机因子及对私有向量进行线性变换等手段对敏感数据进行扰乱，以实现对原始数据改头换面的目标。这种处理方法可以快速地完成，但其安全性较差，且以降低数据的精确性为代价，从而影响数据分析结果，一般这种处理手段仅能得到近似的计算结果。

5.1.3 数据脱敏技术

数据脱敏（Data Masking），又称为数据漂白、数据去隐私化或数据变形，是指在保留数据初始特征的条件下，通过脱敏规则对敏感数据进行数据的变形，避免未经授权的用户非法获取，实现敏感数据在分享和使用过程中的安全保护。数据脱敏可以在保存数据原始特征的同时改变其真实值，在保留数据有效性的同时保持数据的安全性，实现敏感隐私数据的可靠保护，避免敏感数据泄露的风险。

1. 数据脱敏规则

1）数据脱敏算法通常应当是不可逆的，必须防止使用非敏感数据推断、重建敏感原始数据。但在一些特定场合，也存在可恢复式数据脱敏需求。

2）脱敏后的数据应具有原数据的大部分特征，因为它们仍将用于开发或测试场合。带有数值分布范围、具有指定格式（如信用卡号前四位指代银行名称）的数据，在脱敏后应与原始信息相似；姓名和地址等字段应符合基本的语言认知，而不是无意义的字符串。在要求较高的情形下，还要求具有与原始数据一致的频率分布、字段唯一性等。

3）数据的引用完整性应予保留，如果被脱敏的字段是数据表主键，那么相关的引用记录必须同步更改。

4）对所有可能生成敏感数据的非敏感字段同样进行脱敏处理。例如，在学生成绩单中为隐藏姓名与成绩的对应关系，将“姓名”作为敏感字段进行变换。但是，如果能够凭借某“籍贯”的唯一性推导出“姓名”，则需要将“籍贯”一并变换。

5）脱敏过程应是自动化、可重复的。因为数据处于不停的变化中，期望对所需数据进行一劳永逸式的脱敏并不现实。生产环境中数据的生成速度极快，脱敏过程必须能够在规则的引导下自动化进行，才能达到可用性要求；另一种意义上的可重复性，是指脱敏结果的稳定性。在某些场景下，须对同一字段脱敏的每轮计算结果都相同或者都不同，以满足数据使用方可测性、模型正确性、安全性等指标的要求。

2. 静态数据脱敏

静态数据脱敏的主要目标是实现对完整数据集的大批量数据进行一次性整体脱敏处理，一般会按照制定好的数据脱敏规则，使用类似ETL技术的处理方式，对数据集进行统一的变形转换处理。在根据脱敏规则降低数据敏感程度的同时，静态脱敏能够尽可能减少对数据集原本的内在数据关联性、统计特征等可挖掘信息的破坏，保留更多有价值的信息。

静态数据脱敏通常在需要使用生产环境中的敏感数据进行开发、测试或者外发的场景中使用。

3. 动态数据脱敏

动态数据脱敏的主要目标是对外部申请访问的敏感数据进行实时脱敏处理，并即时返回处理后的结果，一般通过类似网络代理的中间件技术，按照脱敏规则对外部的访问申请和返回结果进行即时变形转换处理。在根据脱敏规则降低数据敏感程度的同时，动态脱敏能够最大程度上降低数据需求方获取脱敏数据的延迟，通过适当的脱敏规则设计和实现，即使是实时产生的数据也能够通过请求访问返回脱敏后的数据。

动态数据脱敏通常会在敏感数据需要对外部提供访问查询服务的场景中使用。

5.2　大数据分析安全

在大数据分析过程中，应采取适当的安全控制措施，防止发生个人信息泄露等安全风险。

5.2.1　个人信息防护

随着大数据的快速发展，个人在使用网络服务过程中将个人信息全面数据化，使之成为价值巨大的重要战略资源。大数据企业在用户享受服务的过程中，搜集并存储的大量个人信息具有集中、全面以及高价值等特点，但数据量巨大与信息保护能力弱之间的矛盾使得大数据企业正成为信息泄露的主体。这不仅危及广大公民的信息安全，还会对社会稳定和国家安全造成极大的负面影响。解决大数据企业个人信息泄露问题，以及针对个人信息泄露事件快速反应以降低危害，已引起管理者的高度关注。

1. 个人信息的内容类型

明确个人信息的内容类型及其边界是防止其泄露的前提和基础。个人信息包括与个人相关的、能够直接识别个人的数据，如个人姓名、身份证号码、DNA 和指纹等直接识别个人身份的信息；还包括能够间接识别身份的其他信息，如家庭成员信息、社会交往信息、教育经历信息、工作经历信息、身体健康状态以及财税收支信息等。

按照信息的产生过程和稳定程度，个人信息可以分为静态信息和动态信息。如身份证号码和 DNA 等长时间甚至终生不变的信息，称为静态信息。而社会交往、财税收支等信息会随着时间的推移不断地发生变化，则称之为动态信息。从信息的内容属性来看，个人信息可以分为属人的个人信息和属事的个人信息。随着信息技术的不断渗透和公众在信息社会中参与度的不断提升，信息的属性边界正在变得更加模糊，绝大多数反映主体自然属性和自然关系的信息的社会属性则在不断地增强。

2. 个人信息泄露的主要途径

大数据环境下个人信息泄露的主要途径包括：

1）个人信息被网络服务平台自动收集。大数据在服务业、电子商务业及金融信息业等领域的应用可以帮助商家分析消费者的需求，便于其提供更加精准的广告推介，从而开展商业服务。但部分服务平台的运营者或者管理者会通过倒卖个人信息从中牟利，造成用户的个人信息泄露。

2）个人信息被第三方实体进行网络非法抓取。在大数据时代，人们经常在各种社交媒体上发布自己的动态和信息，并且很多人并未意识到个人信息存在泄露的风险，在发布或分享信息的同时会不经意地暴露自身的敏感信息。第三方实体通过大范围地网络抓取并施以数据挖掘技术，可以掌握用户的个人信息，构建用户的画像，并针对目标用户实施进一步的信息挖掘。

3）个人信息被移动位置应用程序采集和泄露。目前，各类在线社交网络软件在人们的生活中占据了不可或缺的位置。人们通过社交网络活动产生的绝大部分数据与位置信息相关，随着定位技术的高速发展，专注位置服务的各类地图应用程序、具备定位功能的各种应用软件日益成为手机客户端必不可少的组件。这些应用程序通过获取终端用户的位置信息，将虚拟网络与现实物理世界连接起来，依靠地理信息系统的支持，为用户提供相对应的增值服务。此外，一些网络社交应用还可以分享用户的当前位置并搜寻路线，推荐给周边位置的朋友，导致用户的日常行踪外泄。

4）信息系统本身存在漏洞或受到恶意攻击等导致个人信息泄露。随着物联网和人工智能等技术的不断发展和应用，互联网和智能设备成为人们日常生活中必不可少的工具。这些技术设备在网络安全、数据安全、密码安全、应用安全、终端安全、位置安全和云存储安全等方面的不足和缺陷会增加个人信息泄露的风险。

除了以上信息泄露的途径外，电子设备报废和网络媒体过度报道等引发的信息泄露安全事件也时有发生。随着信息技术和设备的升级发展，以及用户行为模式的变化，个人信息被收集和泄露的方式还会不断地更新变化。虽然相应的安全措施也会不断出现，但新的破解方法也会随之而来。因此，个人信息难免会处于被恶意收集的风险中。只有提高自身的防范意识，加强大数据平台的管理，才能尽量避免重要的信息被他人恶意获取，才能保证个人信息的安全。

3. 个人信息防护原则

个人信息控制者在开展个人信息处理活动时，应遵循以下基本原则：

1）权责一致原则。个人信息控制者对个人信息主体的合法权益造成的损害承担责任。

2）目的明确原则。个人信息处理活动应具有合法、正当、必要、明确的个人信息处理目的。

3）选择同意原则。应向个人信息主体明示个人信息处理的目的、方式、范围、规则等，并征求其授权同意。

4）最少够用原则。除与个人信息主体另有约定外，只处理满足个人信息主体授权同意的目的所需要的最少个人信息类型和数量。目的达成后，应及时根据约定删除个人信息。

5）公开透明原则。应以明确、易懂和合理的方式公开处理个人信息，并接受外部监督。

6）确保安全原则。具备与所面临的安全风险相匹配的安全能力，并采取足够的管理措施和技术手段，保护个人信息的保密性、完整性、可用性。

7）主体参与原则。向个人信息主体提供能够访问、更正、删除其个人信息，以及撤回同意、注销账户等的方法。

5.2.2 敏感数据识别方法

敏感数据流转的途径比较多，贯穿了整个数据生命周期，涵盖了数据产生、分析、统计、转移、失效等多个环节。敏感数据泄露最易发生在数据向低控环境流动的过程中。因此，在整个数据生命周期中，识别敏感数据，以便对敏感数据进行模糊化处理成为重中之重。

1. 基础识别方法

（1）关键字匹配方法

关键字匹配是识别敏感数据最基础的方法之一。关键字匹配分为多种模式。如：各种字符集编码数据的关键字匹配；单个或多个关键字匹配；带“*”和“?”通配符的关键字匹配；不区分大小写匹配；邻近关键字匹配，通过定义某一跨度范围内的关键字对等，达到减少误报；关键字词典匹配，通过对词典中的各个关键字赋予不同的权重值，将各个关键字匹配次数乘以权重值的总和与阈值进行比较，作为是否触发策略的依据。

（2）正则表达式

敏感数据往往具有一些特征，表现为一些特定字符及这些特定字符的组合。这可以用正则表达式来标识与识别。

正则表达式描述了一种字符串匹配的模式，可以用来检查一个字符串是否包含某种子串、将匹配的子串替换或者从某个字符串中取出符合某个条件的子串等。

（3）数据标识符

数据标识符具有特定用处、特定格式、特定校验方式。基于国家和行业对一些敏感数据（如身份证号码、银行卡号码）所提供的标准检验机制，可以识别和判断敏感数据的真实性和可用性。

（4）自定义脚本

对于满足不了数据标识符的匹配能力的敏感数据，用户可以基于敏感数据的特点，按照自定义脚本的模板自行设置校验规则，比如保险单号等。

2. 指纹识别技术

（1）结构化数据指纹

结构化数据指纹算法将待检测的数据与数据库中的结构化数据源进行精确匹配，判断其是否通过全部拷贝、部分拷贝或乱序拷贝将敏感信息从数据源泄露出去，从而给组织造成严重的经济损失。

算法原理：

1）给定任意结构化数据源 T，其中 T 包含 C 列字段、R 行记录。每列的数据类型具有普遍代表性，可能是数字、日期，也可能是文字，但不存在二进制的数据类型。

2）对给定结构化数据源 T 中指定列下的各行数据生成指纹特征库，并以此指纹特征库来判断待检测文件 D 中是否存在与 T 中特定列相匹配的数据。

（2）非结构化数据指纹

大部分敏感数据存储于非结构化文档中，如项目设计文档、源代码、工程图纸、宏观经济报告等。这些敏感信息都是组织的重要资产信息，需要防止这些文档通过全部拷贝、部分拷贝或乱序拷贝被泄露出去，给组织造成严重的经济损失。

算法原理：非结构化数据指纹是通过某种选取策略，对文本块进行哈希（hash）生成的，而特定的指纹序列可以用来表示文档的内容特征。进行匹配时，通过将从待匹配数据中提取出的指纹特征与指纹库中的指纹进行比较，计算出文档之间的相似度，从而识别出是否有敏感文档被泄露。

（3）图像指纹

图像指纹匹配是先提取待检测图像的轮廓特征，再将其与存储的样本图像特征进行相似度匹配，并判断其是否源自样本图像库的方法。

图像指纹匹配的过程分为两部分。一是利用图像处理技术提取图像的轮廓特征，并对特征进行矢量化编码；二是使用相似度匹配技术对特征库进行查询匹配。即使图像被缩放、部分裁剪、添加水印、改变明亮度，也能够很好地匹配。

（4）二进制数据指纹

针对可执行文件、动态库文件等不能提前其内容的数据，通过 hash 函数（如 MD5）生成摘要，即“二进制数字指纹”。

针对一组恶意可执行文件、动态库文件等，计算出二进制数字指纹，形成二进制数字指纹库。当发现有可疑的可执行文件、动态库文件等时，计算出其二进制数字指纹，与已有的二进制数字指纹库进行比对，判断是否为恶意可执行文件、动态库文件等。

3. 智能识别技术

智能识别技术是最近发展的一类技术，主要包括机器学习、深度语义分析、关键字自动抽取、文档自动摘要等。

（1）机器学习

机器学习是从数据中学习并从中改进的算法，无须人工干预。

机器学习的任务可能包括将输入映射到输出，在未标记的数据中学习隐藏的结构，或者“基于实例的学习”，其中通过将新实例与来自存储器中的训练数据的实例进行比较，为新实例生成类标签。

（2）深度语义分析

深度语义分析技术是通过自然语言处理，结合语义分析模型进行语义分析的技术。

自然语言处理是语义分析的基础，主要包括分词、词性标注、关键短语提取、文本自动摘要等一系列方法，结合词向量分析、主题模型、深度神经网络以及文本分类等技术来实现深度语义分析。

（3）关键词自动抽取

关键词是表达文档主题意义的最小单位。关键词自动抽取技术是一种识别有意义且具有代表性片段或词汇（即关键词）的自动化技术。

关键词自动抽取在文本挖掘领域被称为关键词抽取，在信息检索领域则被称为自动标引。随着研究的不断深入，越来越多的方法应用到关键词自动抽取之中，如概率统计、机器学习、语义分析等。

（4）文档自动摘要

文档自动摘要是利用计算机，按照某类应用自动地将文本或文本集合转换成简短摘要的一种信息压缩技术。文档自动摘要方法包括以下三种：

1）抽取式摘要：直接从原文中抽取已有的句子组成摘要。

2）压缩式摘要：抽取并简化原文中的重要句子构成摘要。

3）理解式摘要：改写或重新组织原文内容形成最终文摘。

5.2.3 数据挖掘的输出隐私保护技术

在隐私数据的整个生命周期过程中，主要涉及数据收集、数据转换、数据挖掘分析和模式评估四个阶段。

数据挖掘技术主要关注两个方面：一是如何对原始数据集进行加密和匿名化操作，实现对敏感数据的保护；二是限制对敏感知识的挖掘。数据挖掘的隐私保护技术主要包括输入隐私和输出隐私。

大数据的种种特性给数据挖掘中的隐私保护提出了不少难题和挑战：对于大规模数据集而言，还没有有效并且可扩展的隐私保护技术。数据挖掘的输出隐私保护技术主要涉及关联规则、查询审计、分类和聚类四个方面。

（1）关联规则的隐私保护

关联规则的隐私保护主要有变换和隐藏两类方法。

变换方法主要是修改支持敏感规则的数据，并通过对规则的支持度和置信度小于一定阈值来隐藏规则。隐藏方法不会修改支持敏感规则的数据，而是隐藏会生成敏感规则的频繁项目集。

这两类方法都对非敏感规则的挖掘具有一定的负面影响。采用变换方法进行关联规则挖掘是一个NP难问题，它们转换与敏感规则有关的支持数据来降低支持度和置信度。隐藏方法的特点是不对数据进行修改，而是将敏感规则的相关数据进行隐藏（标记为未知，常用问号替代），保持了数据的真实性。如果规则的支持度和置信度大于最小阈值，则关联规则是敏感的。

（2）数据查询审计技术

在云存储环境中，用户将失去对存储在云服务器上的数据的控制。如果云服务提供商不受信任，则它可能会篡改并丢弃数据，但会向用户声明数据是完整的。数据查询常采用云存储审计技术，即数据所有者或第三方组织对云中的数据完整性进行审核，从而确保数据不会被云服务提供商篡改和丢弃，并且在审核期间不会泄露用户的隐私。

（3）分类结果的隐私保护

分类方法会降低敏感信息的分类准确性，并且通常不会影响其他应用程序的性能。分类结果可以帮助发现数据集中的隐私敏感信息，因此敏感的分类结果信息需要受到保护。

决策树分类是建立分类系统的重要数据挖掘方法。在保护隐私的数据挖掘中，挑战是从被扰动的数据中开发出决策树，该决策树提供了一种非常接近原始分布的新颖重构过程。

（4）聚类结果的隐私保护

与分类结果的隐私保护类似，保护聚类的隐私敏感结果也是隐私保护的常用方法之一。对发布的数据采用平移、翻转等几何变换的方法进行变换，确保实现保护聚类结果的隐私内容。

分布式 K-means 聚类方法是专门面向不同站点上存有同一实体集合的不同属性的情况。按照这种聚类方法，每个站点可以学习对每个实体进行聚类，但在学习过程中并不会获知其他站点上所存属性的相关信息，从而在信息处理过程中保障了数据隐私。

5.3 大数据正当使用

基于国家相关法律法规对数据分析和利用的要求，建立数据使用过程中的责任机制、评估机制，保护国家秘密、商业秘密和个人隐私，防止数据资源被用于不正当目的。

5.3.1 合规性评估

1. 隐私政策合规

隐私政策在合规收集、使用用户个人信息等方面的作用至关重要，同时也是个人信息控制者自我保护、自我规范的重要工具，遵循“公开透明”等原则，需要用户充分知晓。国家标准《信息安全技术　个人信息安全规范》（GB/T 35273—2020）提供了隐私政策的模板示例。在隐私政策方面须重点关注及遵循以下5点规范：

1）应制定隐私政策且隐私政策应单独成文。

2）隐私政策的内容应完整、规范。

3）隐私政策应公开透明，易于阅读。

4）隐私政策应合理，不应存在霸王条款。

5）隐私政策应真实，应用的真实行为应与隐私政策的实质相符合。

2. 授权与交互合规

当个人信息控制者拟收集的个人信息涉及个人敏感信息时，应通过弹窗等方式逐项征得个人信息主体的明示同意。在用户授权与交互方面须重点关注及遵循的原则有：

1）须遵循“选择同意原则”，如开始收集个人信息或打开可收集个人信息的权限前应征得用户明示同意。

2）须遵循“主体参与原则”，如需要为用户提供查询、更正、删除个人信息以及投诉等的途径和方法等。

3. 个人信息收集合规

个人信息收集方面须重点关注及遵循的原则有：

1）合法性，须遵循“目的明确原则”，如不得以欺诈、诱骗、误导的方式收集个人信息；不得从非法渠道获取个人信息。

2）必要性，须遵循“最小必要原则”，如除法律法规的强制性要求，运营者不得收集与所提供的服务无关的个人信息。

3）非强迫性，须遵循“选择同意原则”，如不得仅以改善服务质量、提升用户体验、定向推送信息、研发新产品等为由，强制要求用户同意收集个人信息。

4）公开透明性，须遵循“公开透明原则”，如需要向用户明示收集个人信息的类型、目的、方式、范围等。

4. 个人信息传输合规

个人信息传输方面须重点关注及遵循以下3点规范：

1）机密性保护，如信息传输应采取安全控制措施。

2）完整性保护，如应保证接收信息的完整性。

3）可用性保护，如应采取有效措施保证数据传输可靠性和网络传输服务可用性。

5. 个人信息存储合规

个人信息存储方面须重点关注及遵循以下 4 个方面的规范：

1）存储类别，如不应存储非本机构用户鉴别信息与支付相关信息。

2）存储方式，如应根据个人信息的不同类别，采用技术手段保证信息的存储安全。

3）存储位置，如客户端软件不得存储用户鉴别信息与支付相关敏感信息。

4）存储期限，如保存期限应为实现个人信息主体授权使用的目的所必需的最短时间等。

6. 个人信息使用合规

个人信息使用的场景众多，包括个人信息的展示、访问控制、共享、转让、公开披露、委托处理，以及用户画像、个人信息的跨境传输、涉及第三方的场景等。

个人信息使用除须遵循信息收集的目的、使用范围之外，不同场景还须遵循的规范有：

1）遵循相应的法律规范。如在个人信息的展示方面，涉及通过界面展示个人信息的，应对须展示的个人信息采取去标识化处理等措施，降低个人信息在展示环节的泄露风险。

2）在个人信息访问控制方面，对被授权访问个人信息的人员，应建立最小授权的访问控制策略。

3）在个人信息共享、转让、公开披露方面，需要向用户告知共享、转让、公开披露个人信息的目的、类型，事先征得用户授权的同意。

4）在涉及第三方场景方面，不得未经用户同意，也未做匿名化处理，直接向第三方提供个人信息等。

7. 个人信息销毁合规

个人信息销毁过程应保留有关记录，存储个人信息的介质如不再使用，应采用不可恢复的方式（如消磁、焚烧、粉碎等）对介质进行销毁处理等。

8. 日志与审计合规

对于涉及个人信息的功能及客户活动，均应在日志中记录。在审计方面，应对隐私政策和相关规程以及安全措施的有效性进行审计，审计过程形成的记录应能对安全事件的处置、应急响应和事后调查提供支撑等。

5.3.2 访问控制

1. 自主访问控制

在系统中，保存有数据的实体通常称为客体（Object），它是一种信息实体，或者它们是从其他主体或客体接收信息的实体。诸如文件、存储段、I/O、数据库中的表和记录等。能访问或使用客体的活动实体称为主体（Subject），它可使信息在客体之间流动。用户是主体，系统内代表用户进行操作的进程自然也被看作主体。

当用户通过了身份鉴别的验证后，就成为系统的合法用户，取得了对系统合法的访问权限。但是，他对系统资源的访问权还要受到系统安全机制的控制，只能在系统授权范围内活动。

自主访问控制是这样的一种控制方式：对某个客体具有拥有权的主体能够将对客体的一种访问权或多种访问权自主地授予其他主体，并在随后的任何时刻将这些授权予以撤销，也就是说在自主访问控制下，用户可以按自己的意愿，有选择地与其他用户共享他的文件。

自主访问控制是保护系统资源不被非法访问的一种有效手段。但这种控制是自主的，是以保护用户的个人资源的安全为目标，并以个人的意志为转移的。虽然这种自主性满足了用户个人的安全要求，并为用户提供了很大的灵活性，但对系统安全的保护力度是相当薄弱的。当系统中存放有大量数据，而这些数据的属主是国家和整个组织时，自主访问控制不能保护系统的整体安全。

2. 强制访问控制

Bell-La-Padula 安全模型（简称 BLP 模型）是最早的也是应用较为广泛的一个安全模型。它是由 David Bell 和 Leonard La Padula 创立的符合军事安全策略的计算机操作模型。模型的目标是详细说明计算机的多级操作规则。这种对军事安全策略的精确描述也称为多级安全策略。

因为 BLP 安全模型是最著名的多级安全策略模型，所以常把多级安全的概念与 BLP

模型联系在一起。事实上，其他一些模型也描述了多级安全策略，每种模型都试图用不同的方法来表达多级安全策略。

BLP 模型是一个形式化的模型，它使用数学语言对系统的安全性质进行描述。BLP 模型也是一个状态机模型。它形式化地定义了系统、系统状态和状态间的转换规则，定义了安全概念，并制定了一组安全特性，对系统状态和状态转换规则进行约束，使得对于一个系统，如果它的初始状态是安全的，并且经过的一系列规则都是保持安全的，那么可以证明该系统是安全的。在这里所谓“安全”，指的是不产生信息的非法泄露，即不会产生信息由高安全级的实体流向低安全级的实体。

（1）模型的基本元素

在介绍元素之前，请特别注意如下两个概念及其表示方法。

设 A_1，A_2，…，A_n 是 n 个集合，集合：

$$A_1 \times A_2 \times \cdots \times A_n = \{(a_1, a_2, \cdots, a_n) \mid a_i \in A_i, i = 1, 2, \cdots, n\}$$

称为集合 A_1，A_2，…，A_n 的笛卡儿积。

这一笛卡儿积的元素是由 n 个个体组成的有序 n 元组（a_1，a_2，…，a_n），这 n 个个体按照符号 $A_1 \times A_2 \times \cdots \times A_n$ 给定的次序，分别取自于集合 A_1，A_2，…，A_n。如果 A_1，A_2，…，A_n 均是有限集，则笛卡儿积 $A_1 \times A_2 \times \cdots \times A_n$ 也是有限集，且其元素个数 $\#(A_1 \times A_2 \times \cdots \times A_n) = \#A_1 \times \#A_2 \times \cdots \times \#A_n$。

设有集合 A，A 的幂集用 P_A 或 2^A 表示，定义为

$$P_A = \{H \mid H \subseteq A\}$$

即 A 的幂集 P_A 是由 A 的所有子集构成的集合。

BLP 模型定义了如下集合。

$S = \{s_1, s_2, \cdots, s_n\}$，主体的集合，主体指用户、进程。

$O = \{o_1, o_2, \cdots, o_m\}$，客体的集合，客体指文件、数据、程序、存储器段等，主体集是客体的子集。

$C = \{c_1, c_2, \cdots, c_q\}$，主体或客体的密级，$c_1 < c_2 < \cdots < c_q$，元素之间呈全序（线性序关系）。

$K = \{k_1, k_2, \cdots, k_r\}$，范畴集，可看作某个组织中部门的集合或类别的集合。

$A = \{$ r，w，e，a，c)，访问权限集，分别表示 read（只读）、write（读 / 写）、execute

（执行）、append（添加）、control（控制）。

RA=｛g，r，c，d），请求元素集，其中，g 表示 get 或 give；r 表示 release 或 rescind；c 表示 change 或 create；d 表示 delete。

D=｛yes，no，error，？｝，结果集（判定集），其中，yes 表示请求被执行；no 表示请求被拒绝；error 表示系统出错，有多个规则适合于这一请求；“？”表示请求出错，规则不适用于这一请求。

$\boldsymbol{\mu}=\{M_1, M_2, \cdots, M_p\}$，访问矩阵的集合，$\boldsymbol{\mu}$ 中的元素记作 M_k，它是 $n\times m$ 的矩阵，M_k 中第 i 行第 j 列的元素记作 M_{ij}。$M_{ij}\subseteq A$。

$F=C^S\times C^O\times(P_K)^S\times(P_K)^O$，是 4 个集合的笛卡儿积，其中：

- $C^S=\{f_1|f_1: S\rightarrow C\}$：元素 f_1 给出系统中每一个主体的密级。
- $C^O=\{f_2|f_2: O\rightarrow C\}$：元素 f_2 给出系统中每一个客体的密级。
- $(P_K)^S=\{f_3|f_3: S\rightarrow P_K\}$：元素 f_3 给出系统中每一个主体的范畴（或部门）集。
- $(P_K)^O=\{f_4|f_4: O\rightarrow P_K\}$：元素 f_4 给出系统中每一客体的范畴（或部门）集。

取定 F 中的元素 $f=(f_1, f_2, f_3, f_4)$，相当于对系统中的所有主体和客体均分配了密级和部门集。例如，$(f_1(s_i), f_3(s_i))$ 给出了主体 s_i 的安全级，$(f_2(o_j), f_4(o_j))$ 给出了客体 o_j 的安全级。

（2）系统状态

$V=P_{(S\times O\times A)}\times\boldsymbol{\mu}\times F$ 是系统状态的集合，V 中的元素 $v=(b, \boldsymbol{M}, f)$ 表示系统的某个状态，其中，$b\in P(S\times O\times A)$ 或 $b\subseteq S\times O\times A$，是当前访问集，表示哪些主体取得了对哪些客体的什么样的访问权限。

例如，若 $b=\{(s_1, o_2, \mathrm{r}), (s_1, o_3, w), (s_2, o_2, \mathrm{e}), \cdots\}$，则表示在状态 v 下，主体 s_1 对客体 o_2 有“读”访问权，主体 s_1 对客体 o_3 有“写”访问权，主体 s_2 对客体 o_2 有执行的访问权，等等。

$\boldsymbol{M}\in\mu$ 是访问矩阵，它的第 i 行第 j 列的元素表示主体 s_i 对客体 o_j 被自主地授予了哪些访问权限。

$f\in F$，$f=(f_1, f_2, f_3, f_4)$，其中，f_1 和 f_3 给出了所有主体的安全级，f_2 和 f_4 给出了所有客体的安全级。

系统在任何一个时刻都处于某一种状态 v，即对任意时刻 t，必有状态 v_t 与之对应。

随着用户对系统的操作，系统的状态不断地发生变化。对应状态 v，集合 b 中的那些主体对客体的访问权限是否会引起信息的泄露呢？也就是说，我们必须关心系统在各个时刻的状态，特别是与状态相对应的访问集 b 是否能保证系统的安全性。只有每一个时刻状态是安全的，系统才可能是安全的。为此，BLP 模型对状态的安全性进行了定义。

（3）安全特性

BLP 模型的安全特性定义了系统状态的安全性，也集中体现了 BLP 模型的安全策略。

①自主安全性。

状态 $v=(b, \boldsymbol{M}, f)$ 满足自主安全性，当且仅当对所有的 $(s_i, o_j, x) \in b$，有 $x \in M_{ij}$。

这条性质是说，若 $(s_i, o_j, x) \in b$，即如果在状态 v，主体 s_i 获得了对客体 o_j 的 x 访问权，那么 s_i 必定是得到了相应的自主授权。若存在 $(s_i, o_j, x) \in b$，但主体 s_i 并未得到对客体 o_j 的 x 访问权的授权（即 $x \notin M_{ij}$），则状态 v 被认为不符合自主安全性。

②简单安全性。

状态 $v=(b, \boldsymbol{M}, f)$ 满足简单安全性，当且仅当对所有的 $(s, o, x) \in b$，有 $x=\mathrm{e}$ 或 $x=\mathrm{a}$ 或 $x=\mathrm{c}$；或 $(x=\mathrm{r}$ 或 $x=\mathrm{w})$ 且 $(f_1(s) \geqslant f_2(o), f_3(s) \supseteq f_4(o))$。

这条性质是说，若在 b 中主体 s 获得了对客体 o 的“r”或 w”权，则 s 的密级必须不低于 o 的密级，s 的范畴集必须包含 o 的范畴集。也就是，s 的安全级必须支配 o 的安全级，这条性质的意义在于低安全级的主体不允许获得高安全级客体的信息。

注意，在 BLP 模型中，w 表示可读、可写，即主体对客体的修改权。

③ * 性质。

状态 $v=(b, \boldsymbol{M}, f)$ 满足 * 性质，当且仅当对所有的 $s \in S$，若

$$o_1 \in b(S: \mathrm{w}, \mathrm{a}), \quad o_2 \in b(S: \mathrm{r}, \mathrm{w})$$

则 $f_2(o_1) \geqslant f_2(o_2)$，$f_4(o_1) \supseteq f_4(o_2)$。其中，符号 $b(S: x_1, \cdots, x_n)$ 表示 b 中主体 s 对其具有权限 x_i（$1 \leqslant \mathrm{i} \leqslant n$）的所有客体的集合。

这条性质是 BLP 模型中最重要的一条安全特性。$o_1 \in b(S: \mathrm{w}, \mathrm{a})$，意味着 s 对 o_1 有 w 权或 a 权，此时信息可能由 s 流向 o_1；$o_2 \in b(S: \mathrm{r}, \mathrm{w})$ 意味着 s 对 o_2 有 r 权或 w 权，此时信息可能由 o_2 流向 s。这样一来，在访问集 b 中以 s 为媒介，信息就有可能由 o_2 流向 o_1，因此要求 o_1 的安全级必须支配 o_2 的安全级，当 s 对 o_1 和 o_2 均具有 w 权时，

两次运用该特性，则要求 o_1 的安全级等于 o_2 的安全级。这反映 BLP 模型中信息只能由低安全级向高安全级流动的安全策略。

如果状态 v 满足上述 3 条性质，那么 v 是安全状态。

（4）请求

$$R = S^+ \times \mathrm{RA} \times S^+ \times O \times X$$

是主体请求集。其中，$S^+ = S \cup \{\Phi\}$，$X = A \cup \{\Phi\} \cup F$。

R 的元素代表主体对系统的一个完整的请求，用五元组（σ_1，γ，σ_2，o_j，x）表示，其中，σ_1 和 σ_2 均代表主体，可以为空，用 Φ 表示。$\gamma \in \mathrm{RA}$，代表请求的类型，在 RA 中取值。例如，若 $\gamma = \mathrm{g}$，则表示某主体请求得到对某客体的某种访问权（此时 g 相当于 get）；也可能表示某主体请求授予另一主体对某客体的某种访问权（此时 g 相当于 give），至于 g 是代表前者还是后者，从五元组中是出现一个主体还是出现两个主体可以区分开来。例如，若 $R_k \in R$，$R_k = (\Phi, \mathrm{g}, s_i, o_j, \mathrm{r})$，则表示主体 s_i 请求得到对客体 o_j 读访问权，此时 g 代表 get，若 $R_1 \in R$，$R_1 = (s_1, g, s_i, o_j, \mathrm{w})$，则表示主体 s_1 请求授予主体 s_i 对客体 o_j 写（含读）访问权，此时 g 代表 give。o_j 代表某一客体。x 可能是某个访问权限，也可能是 $f \in F$，定义系统中各主、客体的安全级。x 还可能为空，用 Φ 表示，x 的取值根据请求的不同而不同。

（5）状态转换规则

系统状态的转换由一组规则定义，一个规则定义为函数 ρ: $R \times V \rightarrow D \times V$。它表示对任意请求 $R_k \in R$ 和任意状态 $v \in V$，必有判定 $D_1 \in D$，状态 $v^* \in V$，使 $\rho(R_k, v) = (D_1, v^*)$。这意味着，在状态 v 下，当主体发出请求 R_k 时系统会相应产生一个判定 D_1，并且可能发生状态转换，系统状态由 v 转换为 v^*。BLP 模型定义了 10 条基本规则（后来又有所扩充），这些规则规定了当主体向系统发出访问请求时，系统应如何进行安全性检查。下面介绍 BLP 模型的 10 条基本规则。

规则 1 用于主体 s_i 请求得到对客体 o_j 的 read 访问权，请求的五元组 $R = (\Phi, \mathrm{g}, s_i, o_j, \mathrm{r})$，系统的当前状态 $v = (b, \boldsymbol{M}, f)$。

```
Rule1  get-read: ρ1(Rk,v)≡
if σ1≠ϕ or γ≠g or x≠r or σ2=ϕ then
    ρ1(Rk,v)=(?,v)
    if r∉Mij  or [(f1(si)<f2(oj) or f3(si) ⊉f4(oj))] then
        ρ1(Rk,v)=(no,v)
```

```
    if Up1={o|o ∈ b(si:w,a) and [f2(oj)>f2(o) or f4(oj) ⊄ f4(o)]}=ϕ then
    ρ1(Rk,v)=(yes,(b ∪ {(si,oj,r)},M,f))
    else
    ρ1(Rk,v)=(no,v)
end
```

规则 1 对主体 s_i 的请求做了如下检查：

1）主体的请求是否适用于规则 1。

2）o_i 的拥有者（或控制者）是否授予了 s_i 对 o_j 的读访问权。

3）s_i 的安全级是否支配 o_j 的安全级。

4）在访问集 b 中，若 s_i 对另一客体 o 有 w 访问权或 a 访问权，是否一定有 o 的安全级支配 o_j 的安全级。

若上述检查有一项不通过，则系统拒绝执行 s_i 的请求，系统状态保持不变。若请求通过了上述全部检查，则 o_j 的请求被执行，三元组（s_i，o_j，r）添加到系统的访问集 b，亦即允许 s_i 对 o_j 进行读访问。系统状态由 v 转换成 $v^*=(b \cup \{(s_i, o_j, \mathrm{r})\}, \boldsymbol{M}, f)$。

显然，检查项目 2 是系统在实施自主访问控制，项目 3 和项目 4 是系统在实施强制访问控制，只有通过了所有这些检查，才能保证系统在进行状态转换时，其安全性仍然得到保持。

规则 2 用于主体 s_i 请求得到对客体 o_j 的 append 访问权，请求的五元组 R_k=（ Φ， g，s_i，o_j，a），系统的当前状态 $v=(b, \boldsymbol{M}, f)$。

```
Rule 2  get-append: ρ2 (Rk, v) ≡
if σ1≠ϕ or γ≠g or x≠a or σ2=ϕ then
        ρ2(Rk,v)=(?,v)
if a∉Mij     then
    ρ2(Rk,v)=(no,v)
if Up2={o|o ∈ b(si:r,w) and [f2(oj)<f2(o) or f4(oj)⊉f4(o)]}=ϕ then
ρ2(Rk,v)=(yes,(b ∪ {(si,oj,a)},M,f))
else
ρ2(Rk,v)=(no,v)
end
```

规则 2 对主体 s_i 的请求所做的检查类似于规则 1，不同的是当 s_i 请求以 append 方式访问 o_j 时，无需做简单安全性检查。

规则 3 用于主体 s_i 请求得到对客体 o_j 的 execute 访问权，请求的五元组 R=（ Φ， g，s_i，o_j，e），系统的当前状态 $v=(b, \boldsymbol{M}, f)$。

```
Rule3  get-execute: ρ3(Rk, v) ≡
if σ1≠Φ or γ≠g or x≠e or σ2=Φ then
     ρ3(Rk,v)=(?,v)
if e∉Mij  then
     ρ3(Rk,v)=(no,v)
else
ρ3(Rk,v)=(yes,(b∪{(si,oj,e)},M,f))
end
```

规则3对 s_i 的请求只做类似于规则1中的第1和第2两项检查，因此 s_i 请求得到对 o_j 的执行权时无须做简单安全性和 * 性质的检查。

规则4用于主体 s_i 请求得到对客体 o_j 的write访问权，请求的五元组 $R=(\Phi, g, s_i, o_j, w)$，系统的当前状态 $v=(b, \boldsymbol{M}, f)$。

```
Rule4  get-write: ρ4(Rk, v) ≡
if  σ1≠Φ or γ≠g or x≠w or σ2=Φ then
     ρ4(Rk,v)=(?,v)
if  w∉Mij  or[(f1(si)<f2(oj) or f3(si)⊉f4(oj))] then
     ρ4(Rk,v)=(no,v)
if Uρ4={o|o∈b(si:r) and [f2(oj)<f2(o) or f4(oj) ⊉ f4(o)]}
     ∪{o|o∈b(si:a) and [f2(oj)>f2(o) or f4(oj) ⊈ f4(o)]}
     ∪{o|o∈b(si:w) and [f2(oj)≠f2(o) or f4(oj) ≠ f4(o)]}= Φ           then
     ρ4(Rk,v)=(yes,(b∪{(si,oj,w)},M,f))
         else
     ρ4(Rk,v)=(no,v)
         end
```

规则4的安全性检查类似于规则1，也需要做以下4项检查：

1）s_i 的请求是否适用于规则4。

2）s_i 是否被自主地授予了对 o_j 的w权。

3）s_i 的安全级是否支配 o_j 的安全级。

4）* 性质的检查。

但规则4的 * 性质检查较为复杂，它要求以下3个条件均必须成立：

1）在 b 中，若 s_i 已对某一客体 o 有读权，则 o_j 的安全级必须支配 o 的安全级。

2）在b中，若 s_i 已对某一客体 o 有添加权，则 o_j 的安全级必须受 o 的安全级支配。

3）在 b 中，若 s_i 已对某一客体 o 有写权，则 o_j 的安全级必须等于 o 的安全级。

只要其中有一条不成立，则认为不满足 * 性质，拒绝执行用户请求。

规则5用于主体 s_i 请求释放对客体 o_j 的访问权，包括r、w、e和a等。因为访问权的释放不会对系统造成安全威胁，所以不需要做安全性检查，并可将 4 种情形用同一条规则来描述。请求的五元组 R_k=（Φ，g，s_i，o_j，r）或（Φ，g，s_i，o_j，w）或（Φ，g，s_i，o_j，a）或（Φ，g，s_i，o_j，e），系统的当前状态 $v=(b, \boldsymbol{M}, f)$。

```
Rule 5  release-read/write/append/execute: ρ5(Rk, v) ≡
if(σ1≠Φ or γ≠r or x≠r,w,a and e) or (σ2=Φ) then
        ρ5(Rk,v)=(?,v)
else
        ρ5(Rk,v)=(yes,(b-{(si,oj,x)},M,f))
end
```

规则 6 用于主体 s_λ 请求授予主体 s_i，对客体 o_j 的 x 访问权。请求的五元组 R_k=（s_λ，g，s_i，o_j，r）或（s_λ，g，s_i，o_j，w）或（s_λ，g，s_i，o_j，a）或（s_λ，g，s_i，o_j，e），系统的当前状态 $v=(b, \boldsymbol{M}, f)$。

```
Rule 6  give-read/write/append/execute: ρ6(Rk, v) ≡
if(σ1≠sλ ∈ s or γ≠g or x≠r,w,a and e) or (σ2=Φ) then
         ρ6(Rk,v)=(?,v)
if  x ∉ Mλj or  e ∉ Mλj then
     ρ6(Rk,v)=(no,v)
else
     ρ6(Rk,v)= (yes,(b, M⊕ [x]ij, f))
end
```

规则 6 中 $\boldsymbol{M} \oplus [x]_{ij}$ 表示将 $_x$ 加入到访问矩阵 $\boldsymbol{M}$ 的第 i 行第 j 列元素 M_{ij} 中去，即用集合 $M_{ij} \cup \{x\}$ 替换 M 中 M_{ij}。

由于 s_i 的请求只涉及自主访问控制中的授权，因此规则 6 除了做请求是否适用于规则 6 的检查外，仅做自主安全性有关的检查。即 s_i 自身必须同时具有对客体 o_j 的 x 权和控制权（c 权），方能对 s_i 进行相应的授权。

要注意的是，这一授权的成功，并不意味着 s_i 已获得对 o_j 的 x 访问权。因为 s_i 还未经过简单安全性和 * 性质的检查。规则 6 的处理结果，仅修改访问控制矩阵 $\boldsymbol{M}$，使 M_{ij} 项元素也包含进权限 x。

规则 7 用于主体 s_λ 撤销主体 s_i 对客体 o_j 的 x 访问权。请求的五元组 R_k=（s_λ，r，s_i，o_j，r）或（s_λ，r，s_i，o_j，w）或（s_λ，r，s_i，o_j，a）或（s_λ，r，s_i，o_j，e），系统的当前状态 $v=(b, \boldsymbol{M}, f)$。

```
Rule 7  rescind-read/write/append/execute: ρ7(Rk, v) ≡
if(σ1≠sλ ∈ s or γ≠r or x≠r,w,a and e) or (σ2=Φ) then
```

```
        ρ7(Rk,v)=(?,v)
if  x ∉ Mλj or  c ∉ Mλj then
        ρ7(Rk,v)=(no,v)
else
        ρ7(Rk,v)=(yes,(b-{(si,oj,x)}, M⊖[X]ij, f))
end
```

规则 7 中，$\boldsymbol{M}\ominus[x]_{ij}$ 表示将 x 从访问矩阵 $\boldsymbol{M}$ 的第 i 行第 j 列元素 M_{ij} 中去掉，即用集合 $M_{ij}-\{x\}$ 替换 $\boldsymbol{M}$ 中 M_{ij}。

类似于规则 6，规则 7 也只涉及自主安全性。系统要求 s_i 必须对 o_j 同时具有 x 权和 c 权，方能对 s_i 的 x 权予以撤销。

系统执行这一请求时，不仅从访问矩阵 $\boldsymbol{M}$ 的第 i 行第 j 列的元素 M_{ij} 中将 x 删除，而且访问集 b 中也必须删去三元组（s_i，o_j，x），这意味着主体 s_i 将丧失对 o_j 的 x 访问权，尽管它可能符合简单安全性和 * 性质。

规则 8 用于改变静止客体的密级和范畴集，请求的五元组 $R_k=(\Phi, \text{c}, \Phi, o_j, f^*)$，其中 c 表示 change，系统的当前状态 $v=(b, \boldsymbol{M}, f)$。

```
Rule 8  change-f: ρ8(Rk, v)≡
if(σ1≠Φ) or (γ≠c) or (σ2≠Φ) or (x∉F) then
        ρ8(Rk,v)=(?,v)
if f1*≠f1 or f3* ≠f3 or [ f2 *(oj) ≠ f2(oj) or f4*(oj) ≠f4(oj)  for some j ∈ A(m)]  then
        ρ8(Rk,v)=(no,v)
else
        ρ8(Rk,v)=(yes,(b,M,f*))
end
```

所谓静止客体是指被删除了的客体，该客体名可以被系统中的主体重新使用，如某存储器段或某个文件名。当该客体被重新使用来存放数据时，客体的安全级定义为创建这一客体的主体的安全级。显然主体可以创建客体，该客体的安全级必须由系统来定义，因此，规则 8 中没有主体。

$A(m)$ 是活动客体的下标集，即 $A(m)=\{j|1\leqslant j\leqslant m$，并且存在 i，使 $M_{ij}\neq\Phi\}$。

规则 8 的安全性要求是，新定义的安全级 $f^*=(f_1^*, f_2^*, f_3^*, f_4^*)$，不能改变系统中主体的安全级，也不能改变活动客体的安全级，只能改变静止客体的安全级，在这种情形下，新状态 v^* 用 f^* 代替原状态 v 中的 f。

规则 9 用于主体 s_i 创建一个客体 o_j，请求的五元组 $R_k=(\Phi, \text{c}, s_i, o_j, \text{e})$ 或 $R_k=(\Phi, \text{c}, s_i, o_j, \Phi)$，系统的当前状态 $v=(b, \boldsymbol{M}, f)$。

```
Rule 9  create-object: ρ9(Rk,v) ≡
if  σ1≠Φ or (γ≠c) or σ2=Φ or (x≠e and Φ) then
        ρ9(Rk,v)=(?,v)
if  j ∈ A(m)  then
        ρ9(Rk,v)=(no,v)
if  x=Φ  then
        ρ9(Rk,v)=(yes,(b,M⊕ [{r,w,a,c}]ij,f))
else
        ρ9(Rk,v)=(yes,(b,M ⊕[{r,w,a,c,e}]ij,f))
end
```

规则 9 要求主体 s_i 所创建的客体不能是活动客体。

当客体创建成功后，系统便将对 o_j 的所有访问权赋予 s_i，需要区分的是，当 o_j 不是可执行程序时，e 权并不赋予 s_i。这里只涉及自主访问控制中的授权。

规则 10 用于主体 s_i 删除客体 o_j，请求的五元组 R_k=(Φ，d，s_i，o_j，Φ)，系统的当前状态 $v=(b,\ \boldsymbol{M},\ f)$。

```
Rule 10  delete-object: ρ10(Rk,v)≡
if  σ1≠Φ or (γ≠d) or σ2=Φ or (x≠Φ) then
        ρ10(Rk,v)=(?,v)
if  c∉ Mij  then
        ρ10(Rk,v)=(no,v)
else
        ρ10(Rk,v)=(yes, (b-M [{r,w,a,c,e}]ij,1≤i≤n,f))
end
```

从规则 10 中可以看出，s_i 必须对 o_j 具有控制权才能删除 o_j（这里，拥有权和控制权是一致的），o_j 被删除后，o_j 成为静止客体。此时，访问矩阵的第 j 列，即 o_j 所对应的列中各元素必须全部清空，不包含任何权限。

（6）系统的定义

1）符号的约定。

T= {1，2，3，…，t，…} 表示离散时刻的集合。常用作事件的下标，用来标识事件发生的顺序，在 BLP 安全模型中，它将用作请求序列，判定序列和状态序列的下标。

$X=R^T=\{x \mid x:T\rightarrow R)$，表示请求序列的集合，元素 x 可表示为 $x=x_1x_2\cdots x_t$，是一请求序列，时刻 t 时发出的请求用 x_t 表示。

$Y=D^T=(y \mid y:T\rightarrow D)$，表示判定序列的集合，元素 y 可表示为 $y=y_1y_2\cdots y_t$，是一判定序列，时刻 t 时做出的判定用 y_t 表示。

$Z=V^T=(z \mid z:T\rightarrow V)$，是状态序列的集合，元素 z 可表示为 $z=z_1z_2\cdots z_t$，是一状态序列，时刻 t 的状态用 z_t 表示。

2）系统的定义。

设 $\omega=\{\rho_1, \rho_2, \cdots, \rho_s\}$ 是一组规则集，关系 $W(\omega)\subseteq R\times D\times V\times V$ 定义为：

(i)$(R_k, ?, v, v)\in W(\omega)$，当且仅当对每个 i，$1\leqslant i\leqslant s$，$\rho_i(R_k, v)=(?, v)$。

(ii)$(R_k, \text{error}, v, v)\in W(\omega)$，当且仅当存在 i_1，i_2，$1\leqslant i_1<i_2\leqslant s$，使得对于任意的 $v^*\in V$ 有 $\rho_{i1}(R_k, v)\neq(?, v^*)$ 且 $\rho_{i2}(R_k, v)\neq(?, v^*)$。

(iii)$(R_k, D_m, v^*, v)\in W(\omega)$，$D_m\neq ?$，$D_m\neq \text{error}$，当且仅当存在唯一的 i，$1\leqslant i\leqslant s$，使得对某个 v^* 和任意的 $v^{**}\in v$，$\rho_i(R_k, v)\neq(?, v^{**})$，$\rho_i(R_k, v)=(D_m, v^*)$。

上述定义中：(i) 意味着请求 R_k 出错，没有一条规则适合于它；(ii) 意味着系统出错，有多条规则适合于请求 R_k；(iii) 意味着存在唯一条规则适合于请求 R_k。

$W(\omega)$ 中的任一四元组 (R_k, D_m, v^*, v) 必满足上述定义中的某一条，这意味着在状态 v 下，若发出某请求 R_k，必存在一判定 D_m（$D_m\in\{?, \text{error}, \text{yes}, \text{no}\}$），根据 ω 中的规则，将状态 v 转换为 v^* 或保持状态 v 不变。

系统记作 $\Sigma(R, D, W(\omega), z_0)$，定义为 $\Sigma(R, D, W(\omega), z_0)\subseteq X\times Y\times Z$，对任意 $(x, y, z)\in X\times Y\times Z$，当且仅当对任一 $t\in T$，$(x_t, y_t, z_t, z_{t-1})\in W(\omega)$ 时，有 $(x, y, z)\in\Sigma(R, D, W(\omega), z_0)$。其中，$z_0$ 是系统初始状态，通常表示为 $z_0=(\Phi, \boldsymbol{M}, f)$。

由上述定义可知，系统是由 $X\times Y\times Z$ 中的一些三元组 (x, y, z) 组成，三元组中的

$$x=x_1x_2\cdots x_t$$

$$y=y_1y_2\cdots y_t$$

$$z=z_1z_2\cdots z_t$$

它们满足：

$$(x_1, y_1, z_1, z_0)\in W(\omega)$$

$$(x_2, y_2, z_2, z_1)\in W(\omega)$$

$$(x_3, y_3, z_3, z_2)\in W(\omega)$$

$$\cdots$$

$$(x_t, y_t, z_t, z_{t-1})\in W(\omega)$$

如图5-1所示，系统从初始状态 z_0 开始，接收用户的一系列请求，根据 ω 中的规则做出一系列相应的判定，系统状态从 z_0 逐步转化为 z_1、z_2、$\cdots$、z_t。

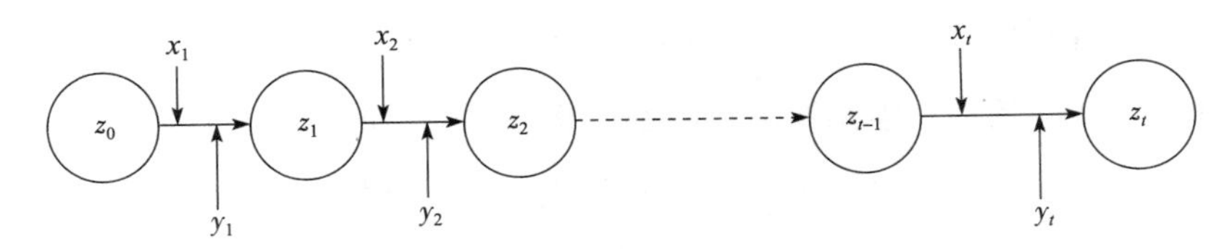

图 5-1 BLP 模型定义的系统

（7）安全系统的定义

BLP 模型定义了安全状态、安全状态序列以及系统的一次安全出现，最后说明了什么样的系统是安全系统。

1）安全状态。

一个状态 $v=(b, \boldsymbol{M}, f) \in V$，若它满足自主安全性、简单安全性和 * 性质，那么这个状态就是安全的。

2）安全状态序列。

设 $z \in Z$ 是一状态序列，若对于每一个 $t \in T$，z_t 都是安全状态，则 z 是安全状态序列。

3）系统的一次安全出现。

$(x, y, z) \in (\Sigma(R, D, W(\omega), z_0)$ 称为系统的一次出现。

如果 (x, y, z) 是系统的一次出现，并且 z 是一安全状态序列，则称 (x, y, z) 是系统 $\Sigma(R, D, W(\omega), z_0)$ 的一次安全出现。

4）安全系统。

若系统 $\Sigma(R, D, W(\omega), z_0)$ 的每次出现都是安全出现，则称该系统是安全系统。

（8）模型中有关安全的结论

BLP 模型中证明了以下两条主要的结论：

1）BLP 模型的 10 条规则都是安全性保持的，即若 v 是安全状态，则经过这 10 条规则的任意一条规则转换后的状态 v^* 也一定是安全状态。

2）若 z_0 是安全状态，ω 是一组安全性保持的规则，则系统 $\Sigma(R, D, W(\omega), z_0)$ 是安全的。

显然 BLP 模型的初始状态 $z_0=(\Phi, \boldsymbol{M}, f)$ 是安全的，BLP 模型又证明了它的 10 条规则是安全性保持的，因此根据上述第 2 条结论，BLP 模型所描述的系统是一个安全系统。

3. 基于角色的访问控制

传统的自主访问控制和强制访问控制都是将用户与访问权限直接联系在一起，或直接对用户授予访问权限，或根据用户的安全级来决定用户对客体的访问权限。在基于角色的访问控制（Role-Based Access Control，RBAC）中，引入了角色的概念，将用户与权限进行逻辑上分离。角色对应组织机构里的一个工作岗位或一个职务，系统给每一个角色分配不同的操作权限（或称操作许可），根据用户在组织机构中担任的职务为其指派相应的角色，用户通过所分配的角色获得相应的访问权限，实现对资源的访问。

这种访问控制不是基于用户身份，而基于用户的角色身份，同一个角色身份可以授予多个不同的用户，一个用户也可以同时具有多个不同的角色身份。一个角色可以被指派具有多个不同的访问权限，一种访问权限可以指派给多个不同的角色。这样一来，用户与角色、角色与访问权限之间构成多对多的关系，通过角色，用户与权限也形成了多对多的关系，即一个用户通过一个角色成员身份或多个角色成员身份可获得多个不同的访问权限，另一方面，一个访问权限通过一个或多个角色可以被授予多个不同的用户。

角色是RBAC机制中的核心，它一方面是用户的集合，另一方面又是访问权限的集合，作为中间媒介将用户与访问权限联系起来。角色与组概念之间的主要差别是，组通常是作为用户的集合，而并非访问权限的集合。

RBAC是一种中性策略，它提供了一种描述安全策略的方法，通过对RBAC各个部件的配置，以及不同部件之间如何进行交互，可以在很大的范围内使需要的安全策略得以实现。例如通过适当的配置，RBAC可以实现传统的自主访问控制和强制访问控制策略。为适应系统需求的变化而改变其策略的能力也是RBAC的一个重要的优点。当应用系统增加新的应用或新的子系统时，RBAC可以赋予角色新的访问权限，可以为用户重新分配一个新的角色，同时也可以根据需要回收用户的角色身份或回收角色的权限。RBAC支持如下3条安全原则。

（1）最小特权原则

RBAC可以使分配给角色的权限不超过该角色的用户完成其工作任务所必需的权限。用户访问某资源时，如果其操作不在用户当前活跃角色的授权范围之内，则访问将被拒绝。

（2）职责分散原则

RBAC可能对互斥角色的用户进行限制，使得没有一个用户同时是互斥角色中的成员，并通过激活相互制约的角色共同完成一些敏感的任务，以减少完成任务过程中的欺诈。

（3）数据抽象原则

在 RBAC 中不仅可以将访问权限定义为操作系统中或数据库中的读或写，也可以在应用层定义权限，如存款和贷款等抽象权限。它支持数据抽象的程度将由实施细节决定。

RBAC96 模型族如图 5-2 所示。

其中：

1）RBAC0 模型：为基本模型，描述了支持 RBAC 的系统的最小需求。

2）RBAC1 模型：包含 RBAC0，在 RBAC0 的基础上增加了角色层次的概念。

3）RBAC2 模型：包含 RBAC0，在 RBAC0 的基础上增加了约束的概念。

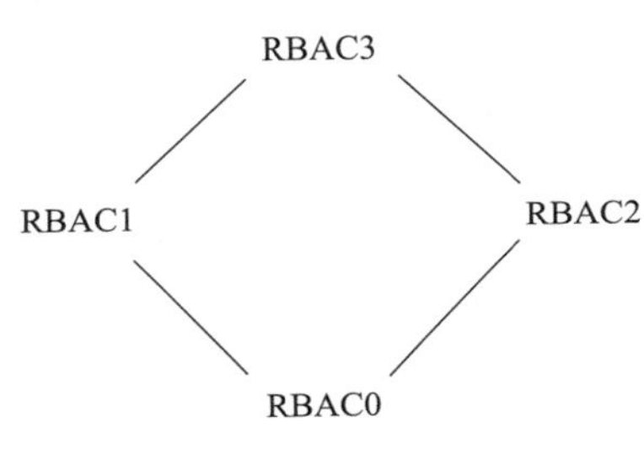

图 5-2　RBAC96 模型族

4）RBAC3 模型：包含 RBAC1 和 RBAC2，有传递性，自然也包含 RBAC0。

RBAC96 模型提出了一个通用参考结构或框架，也为软件开发人员在未来的系统中实现基于角色的访问控制提供了一个准则。

4. 基于属性的访问控制

由于分布式技术的快速发展，数据存储的物理位置更加分散，用户访问数据的时间也不固定，增加了系统的安全风险。为了提高系统的安全性，需要考虑时间和空间等属性。基于属性的访问控制（Attribute-Based Access Control，ABAC）的核心思想是用属性来表示访问控制模型中的角色和权限等信息，在复杂的大数据环境、细粒度的访问控制要求、动态授权属性等方面，以不同角度对授权实体进行描述。

用户发起访问请求时，会附带自己的请求时间、IP 地址等属性并发送给系统。系统并不关心访问者是谁，只需要知道访问者所具有的属性是否符合系统要求，从而实现准确和灵活的访问控制。

ABAC 使用主体和客体的属性作为基本决策元素，并灵活地利用访问请求中携带的一组属性来确定是否授予访问权限。在 ABAC 中，属性描述与概括了相关实体（如主体、客体、环境）的特征，包括主体属性、资源属性、操作属性以及环境属性。如图 5-3 所示。

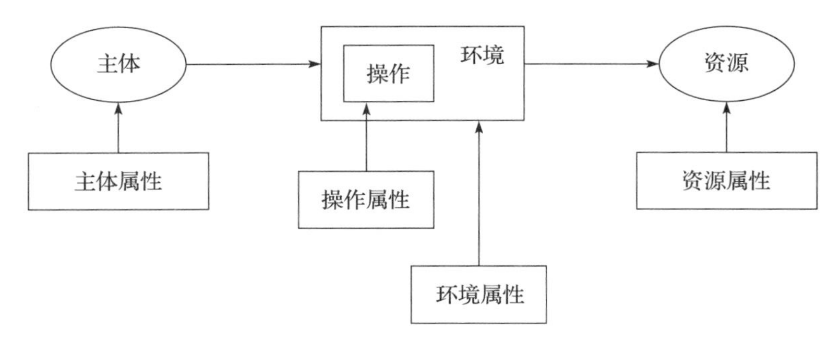

图 5-3 基于属性的访问控制模型

主体属性 Attr(*s*)。主体是可对资源进行操作和访问的实体，身份、年龄、性别、地址、IP 地址等都属于主体属性。

资源属性 Attr(*r*)。资源是可被主体进行操作和访问的实体，如一个 Web 服务就是一种资源。主体为满足自身需求可对 Web 服务进行访问。Web 服务的输入以及输出参数、响应时间、成本、所提供服务的可靠性以及安全性都属于资源属性。

操作属性 Attr(*a*)。操作是主体发起对客体申请的操作权限，操作属性相较其余类型属性的数量较少，通常的取值有 {read，write，delete}。操作属性可通过组合构成更大的操作权限，如 read 与 write 组合为 rw，表示可读写行为。

环境属性 Attr(*e*)。环境属性是对主体访问资源时的环境或上下文进行描述的一组属性，如访问日期、访问时间、系统的安全状态、网络的安全级别等。

ABAC 的策略集由许多子策略集构成，每个策略的匹配信息主要由 Attr(*s*)、Attr(*r*)、Attr(*a*) 三者的组合构成，在需要上下文环境时会附加环境属性 Attr(*e*)，即

$$\text{Policies} = \text{Attr}(s) \times \text{Attr}(r) \times \text{Attr}(a) \times \{\varnothing,\ \text{Attr}(e)\}$$

ABAC 是一种逻辑性访问控制模型，通过在策略中对属性进行一系列配置，实现对主体、客体的安全授权。ABAC 的主要特点如下：

1）动态性。ABAC 通过改变访问请求中的属性值能够轻易改变访问决策，而无须更改定义基础规则集的主体 / 客体的关系。

2）细粒度。ABAC 通过以大量的离散请求属性写入访问控制策略的方式，提供了一组更大的属性组合，从而反映一组更庞大、更明确的规则来表示策略，最终实现更精准的访问控制。

3）抽象层次高。ABAC是基于属性制定策略，属性的粒度大小、类型决定了授权实体的范围。因此，ABAC可以轻易实现多种模型中的权限控制。例如，将RBAC模型的角色配置为ABAC模型的角色属性，能够初步实现简单的RBAC权限控制。

5.4 大数据处理环境

我们应为组织内部的数据处理环境建立安全保护机制，提供统一的数据计算、开发平台，确保在数据处理过程中有完整的安全控制管理和技术支持。

5.4.1 基于云的大数据处理系统的架构和服务模式

传统数据库技术不能应对海量数据处理的问题。通过大量的硬件基础设施加上MapReduce等并行处理框架相互配合，虽然数据处理能力得到较大提高，然而，大量的硬件基础设施的一次性经济投入和后期的运维投入，是大部分中小型企业、组织或者个人无法承担的。云计算技术的发展和成熟使得将大数据处理迁移到云环境中成为可能。云租户可以通过按需使用的方式租赁云中的计算、存储和网络资源，从而快捷、低成本和高效地处理海量的数据，及时地挖掘数据背后的价值。

基于云的大数据服务，为云租户提供大数据相关服务，也称为大数据即服务（Big Data as a Service，BDaaS）。依据云计算中的服务层次分类，其主要包含三个方面：大数据基础设施即服务、大数据平台即服务和大数据分析即服务。

1. 大数据基础设施即服务

为了方便利用云环境中的资源优势，最直接的方式就是将基于MapReduce模型的大数据处理系统部署到云数据中心。在这种模式下，云租户利用云数据中心的基础设施资源构建一套私有的大数据处理系统，按需使用，并且可以根据系统负载弹性扩展。最典型的云中大数据服务便是亚马逊公司的弹性MapReduce服务，其架构如图5-4所示。

云租户指定需求的虚拟机数量和类型，构建自己的Hadoop或者Spark虚拟集群，集群的使用方式与基于物理机的大数据处理系统完全一致。云租户只需要关心自己的数据集和数据处理应用，无须关心底层基础设施的构建、扩展和维护，使得企业、组织或者个人能够从繁杂的硬件设施管理中脱离出来，有利于大数据处理周期的缩短和大数据处理效率的提升。这类服务模式适合有构建独立的数据处理系统环境需求和一定的大数据处理应用开发经验的企业、组织或者个人。

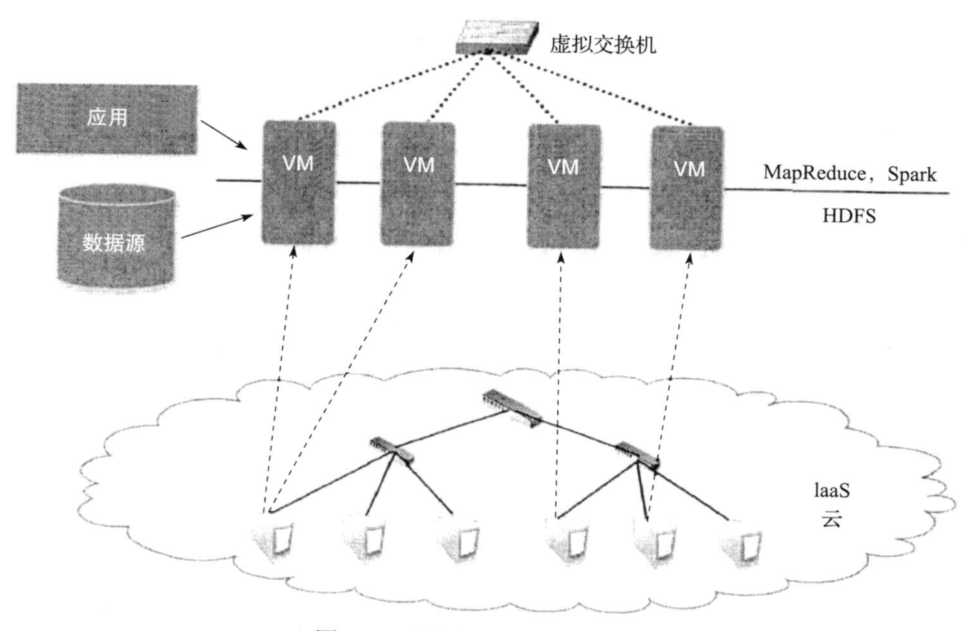

图 5-4　大数据基础设施即服务

2. 大数据平台即服务

大数据平台即服务允许用户能够直接访问、分析海量数据集并且能够方便地构建数据处理应用，而无须关心底层的大数据存储、管理和处理系统的运行环境。典型的例子包括谷歌的 BigQuery 服务，它为用户提供了接口，允许用户上传他们的超大数据集，并且使用类结构化查询语言（Structured Query Language，SQL）的语法直接对数据集进行交互式分析。在这种模式下，底层的数据查询、处理和分析引擎的运行和扩展等完全由云提供商负责。

3. 大数据分析即服务

繁杂的大数据处理分析算法可能超越许多企业或者组织的能力范畴，因此大数据分析即服务旨在帮助他们通过商业智能（Business Intelligence，BI）服务将他们的海量结构化和非结构化的数据转换为有价值的财产。表 5-3 展示了大数据分析即服务的典型使用案例。

表 5-3 大数据分析即服务使用案例

商业智能服务	使用案例
性能问题诊断	识别系统性能问题的根源
服务质量预测	加强面向服务系统的服务质量
市场和销售分析	识别潜在的客户，提高企业利润
物品推荐	刻画用户偏好
用户行为模型	从数据中学习用户行为特征

在这种模式下，用户将直接使用数据科学家和开发者为其提供的脚本或者查询来生成数据报告或者提供可视化，他们能够直接和基于网页的数据分析服务进行交互，而无须担心底层数据存储、管理和处理细节。

5.4.2 Hadoop 处理平台

Hadoop 的支撑技术（MapReduce 等）成熟，实现了海量数据分布式存储和批量处理，应用广泛，成为了大数据处理平台的事实标准。

1. Hadoop 简介

Hadoop 是由 Apache 开发的开源云计算平台，实现在大量计算机组成的集群中进行分布式存储和计算。Hadoop 框架最核心的技术是 HDFS 和 MapReduce。

HDFS 是可部署在廉价机器上的分布式文件系统，采用主 / 从结构，将大文件分割后形成大小相等的块并复制 3 份，分别存储在不同节点上，实现了海量数据存储。MapReduce 编程模型实现大数据处理，它的核心是“分而治之”。

Map 任务区将输入数据源分块后，分散到不同的节点，通过用户自定义的 Map 函数，得到中间 key/Value 集合，存储到 HDFS 上。Reduce 任务区从硬盘上读取中间结果，把相同 K 值数据组织在一起，再经过用户自定义的 Reduce 函数处理，得到并输出结果；最终将巨量资料的处理并行运行在集群上，实现对大数据的有效处理。

2. Hadoop 组成模块

（1）HDFS

HDFS 是 Hadoop 体系中数据存储管理的基础。它是一个高度容错的系统，能检测和应对硬件故障，用于在低成本的通用硬件上运行。HDFS 简化了文件的一致性模型，通过流式数据访问，提供高吞吐量应用程序数据访问功能，适合带有大型数据集的应用程序。

（2）MapReduce

MapReduce 是一种编程模型，用于大规模数据集的并行运算。MapReduce 将应用划分为 Map 和 Reduce 两个步骤，其中 Map 对数据集上的独立元素进行指定的操作，生成键值对形式的中间结果。Reduce 则对中间结果中相同“键”的所有“值”进行归约，以得到最终结果。MapReduce 这样的功能划分，适合在由大量计算机组成的分布式并行环境里进行数据处理。MapReduce 以 JobTracker 节点为主，分配工作并负责与用户程序通信。

（3）Common

从 Hadoop 0.20 版本开始，Hadoop Core 模块更名为 Common。Common 是 Hadoop 的通用工具，用来支持 Hadoop 的其他模块。实际上 Common 提供了一系列文件系统和通用 I/O 的文件包，这些文件包供 HDFS 和 MapReduce 共用。它主要包括系统配置工具、远程过程调用、序列化机制和抽象文件系统等。它们为在廉价的硬件上搭建云计算环境提供基本的服务，并为运行在该平台上的软件开发提供 API。其他 Hadoop 模块都是在 Common 的基础上发展起来的。

（4）Yarn

Yarn 是 Apache 新引入的子模块，与 MapReduce 和 HDFS 并列，其基本设计思想是将 MapReduce 中的 JobTracker 拆分成两个独立的服务：一个全局的资源管理器 ResourceManager 和每个应用程序特有的 ApplicationMaster。其中 ResourceManager 负责整个系统的资源管理和分配，ApplicationMaster 负责单个应用程序的管理。

（5）Hive

Hive 最早由 Facebook 设计，基于 Hadoop 的一个数据仓库工具，可以将结构化的数据文件映射为一张数据库表，并提供 SQL 查询功能。Hive 没有专门的数据存储格式，也没有为数据建立索引，用户可以自由地组织 Hive 中的表，只需要在创建表时告知 Hive 数据中的列分隔符和行分隔符，Hive 就可以解析数据。Hive 中所有的数据都存储在 HDFS 中，其本质是将 SQL 转换为 MapReduce 程序完成查询。

（6）HBase

HBase是一个分布式的、面向列的开源数据库。HBase与一般的关系数据库的区别在于：一，HBase是适合于存储非结构化数据的数据库；二，HBase是基于列而不是基于行的模式。用户将数据存储在一个表里，一个数据行拥有一个可选择的键和任意数量的列。由于HBase表示疏松的数据，用户可以给行定义各种不同的列。HBase主要用于需要随机访问、实时读写的大数据。

（7）Pig

Pig是一个对大型数据集进行分析和评估的平台。Pig最突出的优势是它的结构适合高度并行化的检验，能够处理大型数据集。Pig的底层由一个编译器组成，它在运行的时候会产生一些MapReduce程序序列。Pig的语言层由一种叫作Pig Latin的正文型语言组成。

3. Hadoop的优点

Hadoop具有如下优点：

1）高扩展性。Hadoop的横向扩展性能很好，海量数据能横跨几百甚至上千台服务器，而用户使用时感觉只是面对一个。大量计算机并行工作，对大数据的处理能在合理时间内完成并得以应用，这是传统单机模式无法实现的。

2）高容错性。从HDFS的设计可以看出，它通过提供数据冗余的方式提供高可靠性。当某个数据块损坏或丢失，Name Node就会将对其他Data Node上的副本进行复制，保证每块都有3份。所以，在数据处理过程中，当集群中的机器出现故障时计算不会停止。

3）节约成本。首先，Hadoop本身是开源软件，完全免费；其次，它可以部署在廉价的PC上；“把计算推送给数据”的设计理念，节省了数据传输中的通信开销。而传统的关系型数据库将所有数据存储起来，成本高昂，这不利于大数据产业发展。

4）高效性。Hadoop以简单直观的方式解决了大数据处理中的存储和分析问题。数据规模越大，相较于单机处理，Hadoop的集群并行处理优势越明显。

5）基础性。对于技术优势企业，可以根据基础的Hadoop结合应用场景进行二次开发，使其更适合工作环境。比如，Facebook从自身应用需求出发，构建了实时Hadoop系统。

4. Hadoop 的局限性

Hadoop 的局限性如下：

1）不适合迭代运算。MapReduce 要求每个运算结果都输出到 HDFS，每次初始化都要从 HDFS 读入数据。在迭代运算中，每次运算的中间结果都要写入磁盘，Hadoop 在执行每一次功能相同的迭代任务时都要反复操作 I/O，计算代价很大。而对于常见的图计算和数据挖掘等，迭代计算又是必要的。

2）实时性差。Hadoop 平台由于频繁的磁盘 I/O 操作，大大增加了时间延迟，不能胜任快速处理任务。

3）易用性差。Hadoop 只是一个基础框架，精细程度有所欠缺，如果要实现具体业务还须进一步开发。MapReduce 特定的编程模型增加了 Hadoop 的技术复杂性。

5. Hadoop 的应用场景

Hadoop 的高扩展性、高容错性、基础性等优点，决定了其适用于庞大数据集控制、数据密集型计算和离线分析等场景。针对 Hadoop 的局限性，为提高 Hadoop 性能，各种工具应运而生，已经发展成为包括 Hive、Pig、HBase、Cassandra、Yarn 等在内的完整生态系统。HBase 新型 NoSQL 数据库便于数据管理，Hive 提供类似 SQL 的操作方式进行数据分析，Pig 是用来处理大规模数据的高级脚本语言。

这些功能模块在一定程度上弥补了 Hadoop 的不足，降低了用户使用难度，扩展了应用场景。

5.4.3 Spark 处理平台

Spark 和 Hadoop 都是大数据框架，以其近乎实时的性能和相对灵活易用而受到欢迎，它同 Hadoop 一样都是 Apache 旗下的开源集群系统，是目前发展最快的大数据处理平台之一。

1. Spark 简介

Spark 是一个开源的并行分布式计算框架，是当前大数据领域比较活跃的开源项目之一。Spark 是基于 MapReduce 算法实现的分布式计算，可以用来构建低延迟应用。

Spark 以 RDD（Resilient Distributed Datasets，弹性分布式数据集）为基础，实现

了基于内存的大数据计算。RDD是对数据的基本抽象，实现了对分布式内存的抽象使用。由于RDD能缓存到内存中，因此避免了过多的磁盘I/O操作，大大降低了时延。Tachyon是分布式内存文件系统，类似于内存中的HDFS，基于它可以实现RDD或文件在计算机集群中共享。Spark没有自己的文件系统，通过支持Hadoop HDFS、HBase等进行数据存储。

2. Spark 大数据处理架构

Spark的整个生态系统分为三层，从下向上分别为：

1）底层的Cluster Manager和Data Manager：Cluster Manager负责集群的资源管理；Data Manager负责集群的数据管理。

集群的资源管理可以选择Yarn、Mesos等。Mesos是Apache下的开源分布式资源管理框架，它被称为分布式系统的内核。Mesos根据资源利用率和资源占用情况，在整个数据中心内进行任务的调度，提供类似于Yarn的功能。

集群的数据管理可以选择HDFS、AWS等。Spark支持两种分布式存储系统。亚马逊云计算服务AWS提供全球计算、存储、数据库、分析、应用程序和部署服务。

2）中间层的Spark Runtime，即Spark内核。主要功能包括任务调度、内存管理、故障恢复以及与存储系统的交互等。

Spark的一切操作都是基于RDD实现的，RDD即弹性分布式数据集，是Spark中最核心的模块，提供了许多操作接口的数据集合。与一般数据集不同的是，其实际数据分布存储在磁盘和内存中。

3）最上层为4个专门用于处理特定场景的Spark高层模块：Spark SQL、MLib、GraphX和Spark Streaming，这4个模块基于Spark RDD进行了专门的封装和定制。

Spark SQL作为Spark大数据框架的一部分，主要用于结构化数据处理和对Spark数据执行类SQL的查询，并且与Spark生态的其他模块无缝结合。

MLib是一个分布式机器学习库，即在Spark平台上对一些常用的机器学习算法进行了分布式实现，支持多种分布式机器学习算法，如分类、回归、聚类等。

GraphX是构建于Spark上的图计算模型，利用Spark框架提供的内存缓存RDD、DAG和基于数据依赖的容错等特性，实现高效健壮的图计算框架。

Spark Streaming 是 Spark 系统中用于处理流数据的分布式流处理框架，扩展了 Spark 流式大数据处理能力。Spark Streaming 将数据流以时间片为单位进行分割形成 RDD，能够以相对较小的时间间隔对流数据进行处理。

3. Spark 的特点

Spark 更专注于计算性能，其特点如下：

1）高速性。Spark 通过内存计算减少磁盘 I/O 开销，极大缩小了时间延迟，能处理 Hadoop 无法应对的迭代运算，在进行图计算等工作时表现更好。高速数据处理能力使得 Spark 更能满足大数据分析中实时分析的要求。

2）灵活性。较之仅支持 map 函数和 reduce 函数的 Hadoop，Spark 支持 map、reduce、filter、join、count 等多种操作类型。Spark 的交互模式使用户在进行操作时能及时获得反馈，这是 Hadoop 不具备的。Spark SQL 能直接用标准 SQL 语句在 Spark 上进行大数据查询，简单易学。尽管在 Hadoop 中有 Hive，可以不用 Java 来编写复杂的 MapReduce 程序，但是 Hive 在 MapReduce 上的运行速度却达不到期望程度。

4. Spark 的应用场景

与 Hadoop 不同，Spark 高速、灵活的特点决定了它适用于迭代计算、交互式查询、实时分析等场景，比如，淘宝使用 Spark 来实现基于用户的图计算应用。但是，RDD 的特点使其不适合异步细粒度更新状态的应用，比如，增量的 Web 抓取和索引。RDD 的特点之一是“不可变”，即只读不可写，如果要对 RDD 中的数据进行更新，就要遍历整个 RDD 并生成一个新的 RDD，频繁更新代价大。

5.5　小结

本章主要介绍了大数据处理环节的安全问题，包括数据脱敏技术、个人信息防护技术、数据的正当使用，最后介绍了两款数据处理的平台。

习题 5

1. 数据有哪些属性？试举例说明。

2. 数据匿名化有哪些模型？试分析它们的特点。

3. 数据脱敏有哪些规则？
4. 试分析个人信息安全隐患的原因。
5. 个人信息防护应遵循哪些原则？
6. 如何进行敏感数据的自动识别？
7. 如何保护数据挖掘的输出隐私？
8. 试分析自主访问控制和强制访问控制的作用。
9. 说明 BLP 模型各要素之间的关系。
10. RBAC 支持哪些安全原则？
11. 分析 RBAC 和 ABAC 之间的关系。
12. 查阅资料，比较 Hadoop 平台和 Spark 平台的异同。

第 6 章

大数据的安全交换

由于各个信息系统在建立之时缺乏统一的规划，通信端口及选用的数据库也不尽相同，由此而形成的数据孤岛与信息化建设过程中信息共享的需求相违背。因此，为了在保证信息系统安全的同时，也能够进行数据的交换、信息的共享，在安全性和可用性之间找到平衡点，安全交换技术应运而生。

6.1 大数据交换概述

6.1.1 大数据交换的背景

1. 系统间的信息共享是我国信息化建设的实际需求

在网络技术的发展和国家信息化建设的同时，信息安全也受到了高度的重视。随着我国对信息系统安全的重视，各种与信息系统安全保护相关的条例近几年来陆续颁布，如国家强制标准《计算机信息系统安全保护等级划分准则》（GB 17859—1999）、公信安［2007］861 号等文件。随着信息系统的安全保护工作实施及对重要信息系统的定级，信息系统的安全在一定程度上得到了保证。然而，由于各个信息系统在建立之时缺乏统一的规划，通信端口及数据库的格式也不尽相同，由此而形成的数据孤岛与信息化建设过程的信息共享的初衷相违背。

2. 大数据交换过程面临诸多安全威胁

在不同的信息系统或者安全域之间，常常需要信息的共享，但同时也伴随着相应的安全隐患。以基于互联网电子政务系统为例，系统存在公开数据处理区和敏感数据处理区。在进行信息共享的过程中，攻击者极有可能劫持交换进程，影响正常的交换行为，导致交换过程不可控，达到非法窃取敏感信息或篡改交换数据的目的。此外，当包含木马、病毒等恶意代码的交换数据未经检测就在信息系统之间共享，极有可能造成整个网络环境不再安全。因此，为了在保证信息系统安全的同时，也能够进行数据的交换、信息的共享，在安全性和可用性之间找到平衡点，安全交换技术应运而生。

3. 大数据安全交换链的建立是保证信息共享过程安全可靠的有效方法

大数据安全交换链的建立旨在解决交换过程中可能出现的交换行为不可控、交换数据夹带恶意代码或被篡改等安全威胁。从交换源头出发，建立一条可信的安全交换链，可保证交换数据从发送节点到交换平台再到接收节点整个过程的安全可靠。因此，如何建立可信的安全交换链是解决信息共享过程面临诸多安全威胁的有效方法，成为国内外信息安全研究的热点。

4. 大数据安全交换链建立关键环节的安全性难以得到保证

数据交换过程中可信安全交换链的建立依赖于对交换行为的管控、交换数据源的异常检测及交换数据源的签名保护。然而，由于现有的技术手段并不能满足这些安全需求，使得安全交换链的建立存在以下问题和挑战：

1）数据安全交换缺乏理论模型研究，各项安全技术未能协调运行。现有针对数据安全交换的研究大多停留在工程实践阶段，缺乏相应的理论模型研究，无法从理论上证明交换过程的可信。

2）交换进程易于遭到恶意攻击。攻击者为达到窃取敏感信息的目的，通常采取进程劫持等手段，破坏交换进程的运行，影响正常的交换行为，使得交换进程的运行过程不再可信。

3）交换数据源的提取过程中，缺乏异常检测。目前数据安全交换中数据源的研究主要集中于通过 XML 技术实现对异构数据的转换，缺乏对交换数据源本身的异常检测。攻击者通常会将恶意代码嵌入或捆绑到正常的交换文档中，这些表面看起来正常却已被恶意代码劫持的文档称为特洛伊文档。一旦这些文档通过交换网络传输到各个信息系统中，就会导致整个网络环境不再安全。

6.1.2 大数据安全交换

数据安全交换系统（Data Security Exchange System，DSES）是部署于不同安全域之间，用于业务数据检查、存取控制及分发的软硬件系统。其产生的原因是，信息系统之间无法及时有效地互连互通而形成的“信息孤岛”与实际信息共享的需求相违背。

实现不同安全等级信息系统之间数据安全交换的解决方案种类繁多，按照大数据交换侧重点的不同可以分为以下两类。

（1）ETL 技术

ETL（Extracting-Transformation-Loading）技术即抽取、转换和加载，其主要是负责在分布的、异构的数据源中抽取到所需要的数据后进行清洗、转换、集成，最后按照预先定义好的数据仓库模型将其加载到数据仓库或数据集市中，成为联机分析处理、数据挖掘的基础。

利用 ETL 技术来实现不同等级信息系统、数据库系统之间进行数据安全交换的解决方案很多。市场上主流的国外产品可以分为两类，一类是专业的 ETL 厂商的产品，如 DataStage、Sagent、Informatica 等，这类产品功能复杂，体系结构完善，但价格昂贵；另一类是数据库或数据仓库方案供应商，如 Oracle Warehouse Builder、IBM Warehouse Manager 等，这类产品对自己厂商的相关产品支持效率高，但结构封闭，对其他厂商的产品支持度有限。而国内同类软件开发相对落后，解决方案也比较少，在功能和性能上不够理想。

采取 ETL 技术来解决不同安全域之间的数据安全交换的优点在于其具有强大的数据交换业务处理能力，在数据源的转换、数据的集成处理等方面十分突出。缺点在于其没有安全处理能力，一般需要借助于第三方的安全产品。

（2）安全隔离与信息交换系统

安全隔离与信息交换系统也称为安全隔离网闸，由于目前网闸类命名比较混乱，国家保密局为规范市场，统一将其命名为“安全隔离与信息交换系统”。网闸最早出现于美国、俄罗斯、以色列等国家的军方，用来解决涉密网络与公共网络连接时的安全。安全隔离与信息交换系统一般采取专用隔离硬件切断 TCP/IP 协议通信，形成网络间数据隔离，以保证数据传输时的安全可靠。

安全隔离与信息交换系统主要采取多种综合技术手段来保证其业务性能及高安全性，

在业务应用方面提供了如数据库模块、文件模块、邮件模块等来满足及时高效的数据交换需求，在安全性方面采取了如访问控制、身份鉴别、内容过滤、数据完整性认证等技术手段保证传输过程的安全可靠。

目前安全隔离与信息交换系统已经有比较成熟的商业产品。由于其产品定位首先是强调安全，其次才是性能和易用性等问题，这些商业产品将多种安全技术手段融合在一起，缺乏统一的规划和理论指导，多种安全技术存在的无秩序组合必然带来安全边界防护问题。

按照数据交换所采取隔离方式的不同可以分为以下两类：

1）基于物理隔离的数据安全交换。物理隔离是指两个网络在物理连线上完全隔离且没有任何公用的存储信息，保证计算机的数据在网际间不被重用。根据国家保密局的明确规定，涉及国家秘密的计算机信息系统，必须采取物理隔离的方式，不能够直接或者间接地与公共信息网络或者互联网相连接。

2）基于逻辑隔离的数据安全交换。逻辑隔离主要通过逻辑隔离器实现，逻辑隔离器是一种不同网络间的隔离部件，被隔离的两个安全域之间仍然存在物理上的数据通道连线，但通过技术手段保证了被隔离的两端没有数据通道。

虚拟化技术是实现逻辑隔离的主要手段。利用虚拟化技术，可以让用户在一台计算机上打开一个或多个虚拟桌面，每个虚拟桌面以及该计算机的真实操作系统之间都可以互相隔离，数据不能相互传输。

将不同的虚拟桌面以及真实系统连接到不同安全级别的网络，如利用虚拟桌面来访问外部互联网，而本地真实操作系统则连接到内部机密网络进行办公，从而实现内外的隔离。

不同安全级别的网络之间有着物理上的连接，但相互之间不能访问，只有指定的协议才能通过，它符合逻辑隔离的国家标准定义，因此属于逻辑隔离的范畴。

6.1.3 大数据交换面临的安全威胁

数据安全交换技术伴随着不同安全等级信息系统之间的信息共享而出现，然而在信息共享的过程中难免面临各种安全威胁。在安全交换过程中，交换进程是信息共享的基础，攻击者极有可能通过劫持交换进程，影响正常的交换行为，导致交换过程不可控，达到窃取敏感信息或篡改交换数据的目的。此外，当包含木马、病毒等恶意代码的交换数据未经检测就在信息系统之间传输时，极有可能造成整个网络环境不再安全。

本节以敏感数据处理区与公开数据处理区的一次交换任务为例，将大数据安全交换面临的威胁分为三个方面并分别进行分析。

（1）交换进程劫持

交换任务为敏感数据处理区的交换进程 p 将脱敏数据 d_{ns} 发送到公开数据处理区。然而，攻击者为了达到窃取敏感信息的目的，改变了交换进程 p 的正常执行过程，读取敏感数据 d_s，并将其发送到公开数据处理区，如图 6-1 所示。

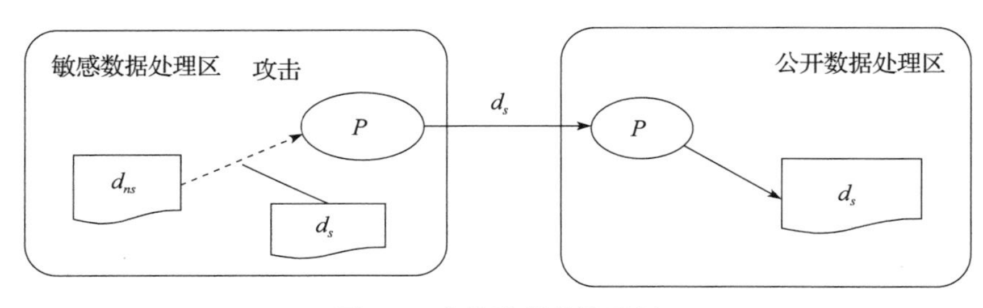

图 6-1　交换进程劫持示例

（2）恶意代码夹带

交换任务为公开数据处理区的交换进程 p 将数据 d_{ns} 发送到敏感数据处理区。攻击者将恶意代码 c 夹带到公开数据 d_{ns} 中。当交换行为发生后，恶意代码将伴随着公开数据 d_{ns} 一同传输到敏感数据处理区。攻击者通过将恶意代码传输到敏感数据处理区，执行其窃取、破坏敏感数据的目的，如图 6-2 所示。

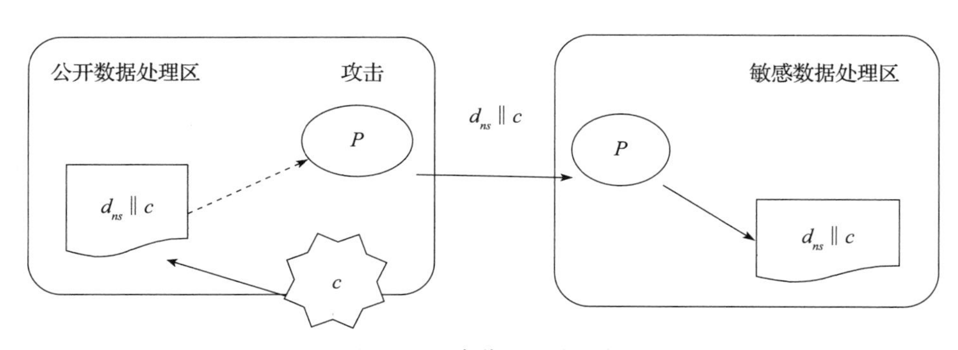

图 6-2　恶意代码夹带示例

（3）交换数据篡改

交换任务为敏感数据处理区的交换进程 p 将脱敏数据 d_{ns} 发送到公开数据处理区。攻击者在传输过程中通过对脱敏数据 d_{ns} 的破坏、篡改，使得接收方频繁收到无意义、非正常的数据，影响网络传输效率，如图 6-3 所示。

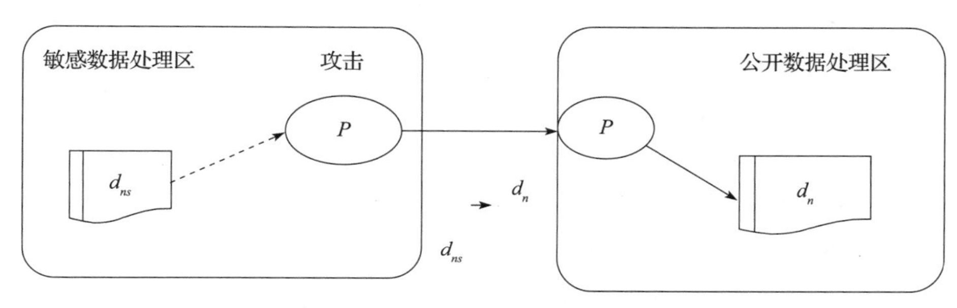

图 6-3　交换数据篡改示例

6.2　大数据共享

由公共财政资助产生的数据和信息都具有公共财产属性，这些数据和信息不会因为使用而损耗，如果拒绝别人使用就会降低政府资助的效率。同理，数据与信息通常会因许多人的多次使用而增值。

通过业务系统、产品对外部组织提供数据，以及通过合作的方式与合作伙伴交换数据时，执行共享数据的安全风险控制，可以降低数据共享场景下的安全风险。

6.2.1　大数据共享原则

当今世界，信息化发展较快的发达国家在大数据开发利用方面和促进大数据产业发展方面已经走在了前面，数据的共享已经成为常态，对共享数据的安全保护方面有很多值得我们国家借鉴的实践经验。欧盟、美国等国家在数据安全保护方面出台了很多有针对性的法律法规，如欧盟的《通用数据保护条例》（GDPR）、美国的《澄清域外合法使用数据法》、日本的《个人信息保护法》等。

国际科学技术数据委员会发展中国家科学数据保存与共享任务组及出席内罗毕发展中国家数据共享国际研讨会的参会者，一致同意下面十条原则作为发展中国家的数据共享原则（也称为内罗毕数据共享原则）：

1）数据开放。由公共财政包括私人基金会资助开发的数据，应该开放共享，除了某些特定的、基于正当原因的限制外（见原则10），对再次使用这些数据实施开放。这种开放性对再次开发数据库和科学研究有益，对全社会发展有益，对经济发展具有指数增值效应。

2）最终用户免费共享数据。在发展中国家，多数情况下用户获取数据的巨大费用通常是一个难以逾越的障碍。无论采取哪一种数据开放共享模式，最终用户个人都应该通过互联网、在他们的办公桌上免费获取数据。在少数特定情况下，获取数据的费用不应该超过满足用户特定需求的边际费用。同时也应该认识到，提供数据共享也需要充足的资金保障（见原则7）。

3）数据文档齐备。数据应该有完整的数据说明并有质量描述，应该配有元数据信息，这些信息的详细程度应该能让用户正确地理解数据并有效地使用数据。应该建立基本的数据管理技术和管理标准，特别是先进的数据管理方法在发展中国家使用尚不十分普遍的情况下，为了使数据能够长期地保存和共享，需要做充分的准备，使用通用并非专有的计算机软件。

4）数据开放时效性。在对数据集进行信息描述和质量控制后，应该尽早地开放数据。数据开放可以分步进行，从发布元数据开始。有时需要急事先办，例如出现紧急的公共事件和灾害，就需要把相关数据的开放当作头等大事立即去办。有时，例如对科学研究数据，应该在论文发表和申请专利后即刻开放。

5）方便查询和访问。在数据集开放之后，数据贡献者应该采取促进更多数据用户访问和使用数据的方式开放数据。考虑到用户之间潜在的联系和技术上面临的挑战，应该有多种多样的数据出版方式。

6）数据之间可互操作。如果把来自一个数据集的部分数据与来自其他数据集的数据进行集成，应该特别注意这些数据在技术、语义和法律上的互操作性。

7）数据可持续。所有用于共享的数据集的生命周期应该在一开始就周密安排，有充足的资源成功遵循前面的6项原则。发展中国家资金的短缺，特别在数据长期保存方面的资金短缺，使得保持数据可持续性成为首选工作。只有这样，珍贵的数据才能长期保存，不至于损失。数据保存与开放的费用不应该由用户承担（与原则2一致），而应该由数据生命周期中的其他当事方负担。

8）数据作者对科学的贡献应该得到承认。数据集出版是对数据集开放的重要激励，是能够正当地引用和致谢数据作者、具有积极意义的机制。所有数据用户至少应该有道义责任，可能还有法律责任，引用与明确数据来源，不以任何方式滥用数据。这样做也可以改善由数据作者提供共享数据的完整性，支持原则3。需要对发展中国家数据作者的数据共享做更显著的肯定和激励，这种激励机制应该成为共识。使用与在线数据集绑定的唯一、永久数值标识符是保障数据作者利益、促进数据共享的最佳方式。

9）用户对数据有平等的分享权。发展中国家数据开放和使用，特别是用于公共利益的使用，应该得到经济上比较发达的国家的政府和研究机构的支持。发展中国家基础性专门人才和基础设施的能力建设，应该是国际机构资助的优先领域。同时，发展中国家的专家也应该参加并积极参与相关的地区和国际机构的活动，以提高自身的能力。

10）如果有正当理由，数据可有适当的时间限制。由公共财政资助开发的数据集的开放和使用，在特定时间内也可能有一定的时间限制。正当的限制可能包括对国家安全、个人隐私、知识产权、商业机密、其他权益（例如当地居民权益、濒危物种位置）等数据的保护。尽管有这些限制，但是默认原则是开放、与原则1一致，任何限制都应该尽可能地最小化。

6.2.2 大数据共享模型

大数据共享模型包括数据的分类、角色定义以及数据共享的方式。

（1）数据分类

按照数据生产或持有主体来划分数据，可分为政府数据、企业数据和个人数据。

1）政府数据：是指人民政府及其行政机关在依法履行职责过程中产生或获取的，以一定形式记录、保存的各类数据资源。

2）企业数据：是指反映企业基本状况的数据资源，包括企业财务数据、经营数据（研发、采购、生产、销售等）以及人力资源数据，也包括通过授权直接或间接采集的个人数据。

3）个人数据：是指以电子或其他方式记录的能够单独或与其他信息结合识别自然人

个人身份的信息，包括但不限于自然人的姓名、出生日期、身份证号码、个人生物识别信息、住址、电话号码等。

政府数据、企业数据和个人数据之间存在交集和相关性。政府和企业共享数据时不可避免地会含有个人数据，因此，在共享数据时不仅要注意保护国家秘密、商业秘密，还要保护个人隐私数据，维护公民个人的权利。

（2）数据共享角色定义

参与数据共享的相关责任主体可以定义为5种角色，包括数据提供方、数据使用方、平台管理方、服务提供方和监管方。

1）数据提供方：指生产或收集数据，并提供数据进行共享的各类相关主体，包括各政务部门或企业。数据提供方应当遵循国家相关政策要求开展数据共享工作，向数据使用方提供共享数据，确保所提供的共享数据准确有效、及时更新和安全可靠。

2）数据使用方：指通过数据共享获取、应用共享数据的各政务部门或企业。数据使用方应当遵循国家相关政策要求和数据共享要求，在授权范围内获取和使用共享数据，并采取措施，确保共享数据不丢失、不泄露、不被未授权读取或扩大使用范围。

3）平台管理方：指负责建设、管理和运营数据共享平台，在数据开放和数据交易中为数据提供方和使用方提供平台服务的政务部门或企业。平台管理方应当建立和完善共享平台的数据安全管理制度，以及数据安全保护、安全服务和安全监测等技术措施，确保共享平台运行安全和数据安全，为数据提供方和使用方提供安全支撑服务，为数据安全监管提供支持。

4）服务提供方：指为数据提供方、使用方或平台管理方提供数据存储、数据分析处理、数据安全保障、数据保护能力测评等技术和安全服务，为平台管理方的工作提供支撑的企业或专业机构。服务提供方应当与服务对象签署服务协议，为所提供的服务建立相应的管理制度和专门团队，加强团队数据安全教育和能力培训，履行数据安全承诺，确保服务过程中的数据安全。

5）监管方：指依照国家法律法规和政策文件的授权，对数据共享进行指导、监督管理的政府部门，包括网信、公安、安全、保密等部门。监管方应严格履行监管职责，依据国家法律、法规、政策和标准，建立数据共享管理制度，对责任主体参与的数据共享活动进行合法合规监管，在责任主体间产生冲突时进行协调和仲裁。

（3）数据共享方式

数据共享的方式主要分为 3 种，即数据开放、数据交换和数据交易。各数据共享方式涉及角色的权责和义务分别如下介绍。

1）数据开放：指数据提供方通过数据开放平台为数据使用方提供开放数据资源的在线检索、下载及调用等服务，数据开放模型如图 6-4 所示。

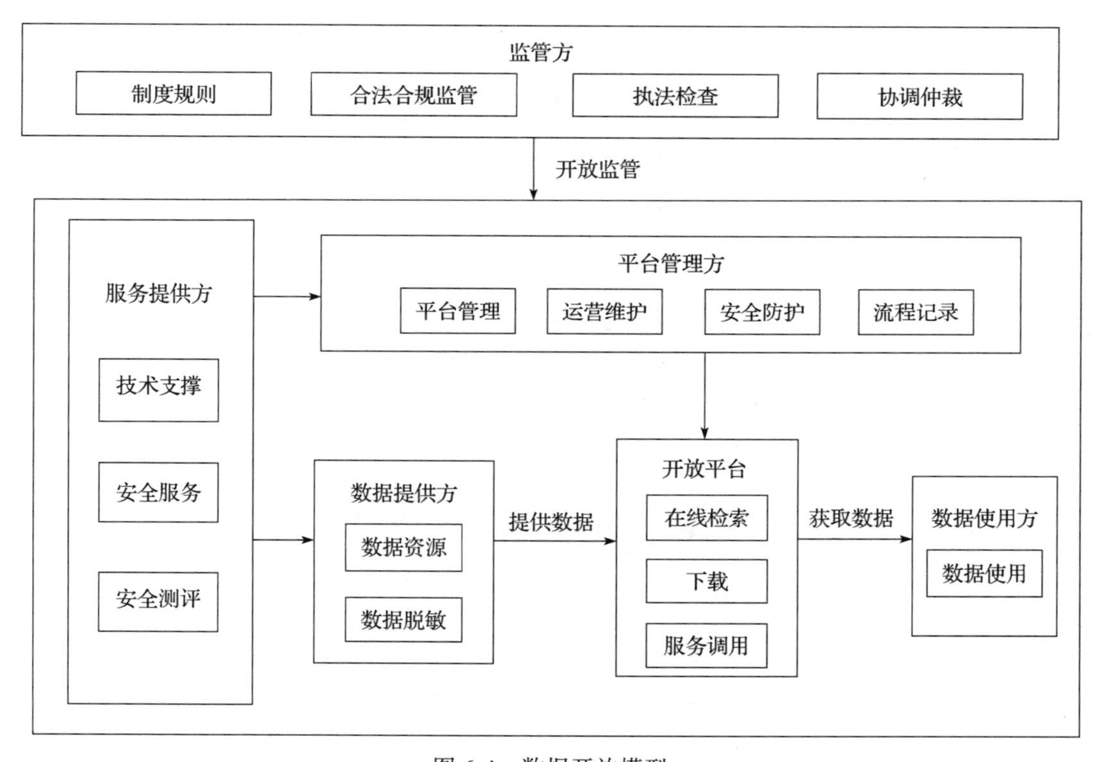

图 6-4　数据开放模型

2）数据交换：指数据共享各方在政策、法律和法规允许的范围内，通过签署协议、合作等方式开展的非营利性数据共享，通常采用以“数”易“数”的方式，或者“1 对 1”地进行数据交换，数据交换模型如图 6-5 所示。

3）数据交易：指数据提供方通过交易平台为数据使用方提供有偿数据共享服务。数据使用方付费后获得了数据或者服务调用权限，也可以付费获得平台的相关数据服务，数据交易模型如图 6-6 所示。

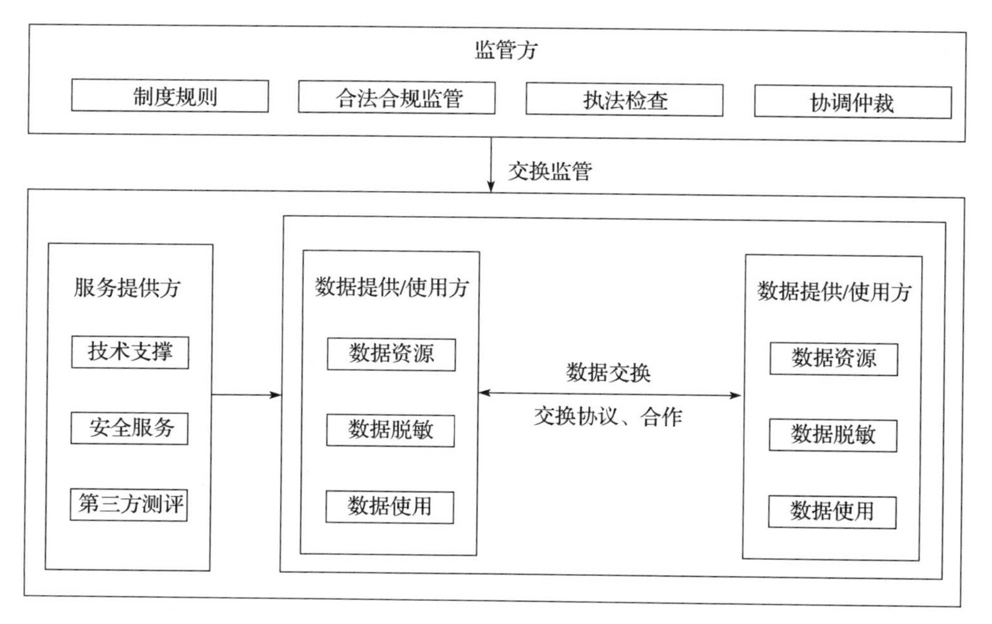

图 6-5 数据交换模型

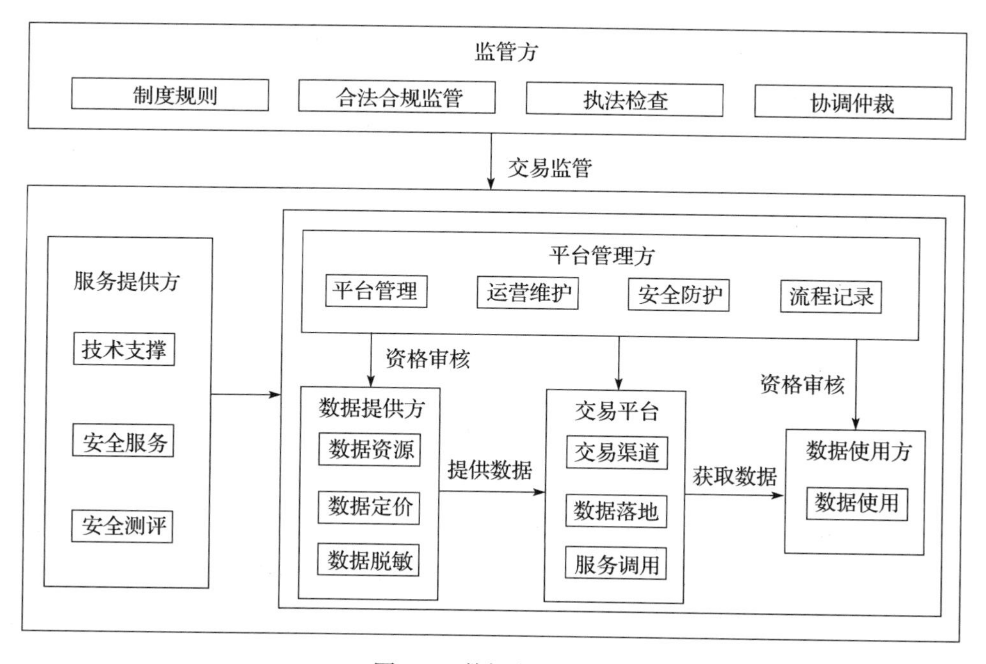

图 6-6 数据交易模型

6.2.3 大数据共享安全框架

大数据共享安全框架分为 4 个层次，从上到下依次为法律法规、数据安全管理制度、标准体系以及安全技术。

加强数据共享安全保障要完善数据安全法律法规，加强数据安全管理制度建设，健全数据安全标准规范，推动数据安全技术开发和应用，做好数据安全的整体规划和顶层设计。

1. 加强数据安全立法

在我国信息技术、互联网应用以及大数据快速发展的推动下，相关立法工作要与时俱进，满足国家大数据发展战略要求，同时结合国内的实际情况制定并完善相关法律法规。我们既要严格数据保护要求，加大执法力度和惩罚措施，维护国家安全和公众利益，也要有效推动产业发展，促进数据共享流动和开发利用。同时，还要学习国外立法的先进经验，能够与国外法律形成对照与对接，推动数据共享健康有序发展。从目前来看，立法的重点在于个人信息保护、数据资源确权、数据跨境监管和数据交易监管 4 个方面。

1）个人信息保护。从总体上看，国外关于个人信息保护的法律法规比较完善，欧盟制定的《通用数据保护条例》（GDPR）生效后极有可能成为国际通行的数据隐私保护法规。我国目前关于个人信息保护的法律法规非常有限，且较为分散，直接相关的保护个人信息的法规主要有《中华人民共和国网络安全法》《关于侵犯公民个人信息刑事案件适用法律若干问题的解释》《消费者权益保护法》《电信和互联网用户个人信息保护规定》《全国人大常委会关于加强网络信息保护的决定》以及《刑法修正案》（七）等。此外，在我国《宪法》《民法通则》等国家根本大法和基本法中也有一些较为笼统的规定。在大数据发展的新形势下，随着大数据开发、应用和共享的广泛和深入开展，个人信息保护问题愈加突出，可以借鉴网络信息技术先进和个人信息立法保护完善的国家（地区）的立法治理经验，加快出台个人信息保护专项法律。

2）数据资源确权。数据作为一种特殊的资源要从法律上确立其资产的地位，才能让社会各方在数据采集、开放、流通、交易等过程中重视数据安全保护，切实维护数据主体的权益。数据的所有权、使用权、管理权可能涉及很多部门，在数据共享过程中需要做到权责分明，厘清数据权属关系，才能有效防止数据的非法使用。数据确权是数据开放、交换和交易的前提和基础。目前数据所有权归属还存在不清晰的情况，特别是当数据进行交换和共享时，不可避免地会涉及个人数据，这部分数据的所有权属于相关机构还是个人，目前还存在很大分歧。另外，原始数据和加工数据的权属问题也存在争议，这些问题都需要通过立法加以明确。在此基础上，可进一步明确数据授权、使用范围、安全保护责任，以及安全保护措施等要求。

3）数据跨境监管。从法律角度对数据进行保护是有范围的，要从可监管的辖区范围、须保护的数据对象、须监管的数据应用场景，以及数据处理行为等方面明确数据保护范围。《中华人民共和国网络安全法》等法律一般界定的数据管辖范围是国内，而欧盟的《通用数据保护条例》（GDPR）和美国的《澄清域外合法使用数据法》（CLOUD）等法律都把管辖范围扩大到欧盟和美国数据控制者的范围。特别对于数据跨境传输的监管来讲，国内外的法律如果不对等，将对我国的数据主权、网络主权、数据安全、公众利益等产生非常不利的影响。因此我们国家的数据安全立法应明确数据管辖范围。

4）数据交易监管。数据交易可以促进数据资源流通，破除数据孤岛，有效支撑数据应用的快速发展，发挥数据资源的经济价值。良好的数据交易环境是数据交易发展的基础保障，既有赖于法律法规的保障和标准的支撑，也需要政府监管到位。目前国家尚未推出数据交易方面的法律法规，这方面仍属空白。

对数据交易进行立法监管有利于规范数据资源交易行为，建立良好的数据交易秩序，增强对数据交易服务的安全管控能力，在确保数据安全的前提下促进数据资源自由流通，从而带动整个数据产业的安全、健康、快速发展。数据交易立法须明确数据交易的政府监管职能部门，及其监管职责范围，明确交易双方的权责和义务，加强对用户个人隐私数据的保护，明确对数据交易平台以及交易双方资质的审核，以及数据保护能力评估等要求。

2. 建设数据安全管理制度

对数据共享的安全管控，除了健全国家法律法规以外，还需要在行业、部门、地方或平台层面建设配套的、完善的数据安全管理制度，以落实相关法律的要求。管理制度的设计要上承法律要求，下接标准支撑，在实践方面能够有效规范数据共享行为，确保数据共享组织管理机构职责明确、数据共享活动流程清晰、数据共享过程安全可控和监管有效。根据数据共享的安全需求，须重点建立以下安全管理制度：

1）数据分类分级制度。数据分类分级是数据采集、存储、使用过程中进行保护的重要依据。我们需要进行数据梳理和数据分级，对不同级别的数据采取不同安全管控措施，在确保数据流动合理合规的前提下，促进数据安全的开发利用和共享，根据数据的重要性和敏感程度确定共享范围、权限和方式。

2）数据提供注册制度。数据提供方按照规定向平台管理方注册并审核通过所提供的数据后，方可发布。数据提供方所提供数据应明确数据的摘要、使用范围、条件及要求、提供者信息、联系方式、更新周期和发布日期等。在具体的流程中，应注意数据提供方在注册过程中需要承诺对注册数据的所有权或控制权，确保提供的数据真实、完整、安全、有效、可用，来源明确、界限清晰。一旦出现数据泄密事故，可为追踪溯源提供有力证据支撑。

3）数据授权许可制度。平台管理方在获得数据提供方的许可条件下，通过规定方式，将数据的使用权授予数据使用方。对于重要数据，需要第三方对数据使用方评估其数据保护能力，达标后才能授权。如果涉及隐私数据，管理者负责数据脱敏后方可授权。

4）数据登记使用制度。数据使用方按照规定向平台管理方/数据提供方登记并被审核身份及权限后，在合法合规的条件下方可获得数据的使用权。数据使用方登记内容应明确所使用数据类别、数据用途、使用范围、使用方式、使用者信息、联系方式等。数据使用方应当遵循国家相关政策要求，在授权范围内获取和使用数据，并采取措施，确保共享数据不丢失、不泄露、不被未授权读取或扩大使用范围。

5）数据保护能力评估制度。依据等级保护要求、数据分类和分级保护策略，对数据共享参与各方的数据安全防护情况和承载系统的安全防护情况进行检测评估，保障共享数据的使用合规和承载系统的安全满足要求。

6）数据安全保密管理制度。明确数据交换须遵从的原则，如个人信息保护原则、最小授权原则、获取数据需要具备相应等级数据安全保护能力原则等。明确数据交换过程中的数据安全管理要求，包括数据传输、存储、处理、销毁等环节，加强数据安全保护。要建立数据安全应急处置预案，当出现信息安全事件时能够及时发现和处置，降低事件造成的影响。一般来说，数据交换的行为有其特殊的需求和应用场景，因此应根据数据交换双方的需求、权责义务关系和数据内容制定相应的数据安全保密协议，对参与数据共享的相关方形成法律约束，规定相关权利义务和违规责任。

7）数据交易安全管理制度。

第一，建议建立基于第三方的数据评价估值机制，对数据提供方的数据准确性、完整性、安全性以及知识产权情况、数据脱敏情况进行审核和评价，进而确定其是否可以上市交易，并给出指导价格。

第二，要对交易双方的资格进行审核，数据提供方是否具备数据产权或处置权，是否具备提供数据以及后续更新数据的条件和能力。对于数据使用方重点审核其是否具备相应数据安全保护能力。

第三，服务提供方应保证数据交易过程的公开公正和透明，并通过采取有效技术措施，确保数据交易过程的可监可控和可追溯。

第四，服务提供方可以建立交易双方的信用评价机制、数据使用效果的评价机制和市场退出机制，推动形成数据交易的良性循环，维护市场秩序，同时开展数据应用示范，提升数据开发利用规模和应用水平。

第五，要解决好数据安全和隐私保护问题，交易的数据中不可避免含有个人隐私数据或者政府及企业敏感数据，对于数据提供方如何合法合规地进行数据脱敏，监管方应给予指导和规范。

3. 完善数据共享标准体系

为了更好地开展数据共享，需要以数据安全为核心，制定以下4个方面的标准，以提供全方位的安全标准支撑。

1）基础类标准。数据共享基础类安全标准为整个数据共享安全标准体系提供包括概念、角色、模型、框架等基础概念，明确数据共享过程中各类安全角色及相关的安全活动或功能定义，为其他类别标准的制定奠定基础。

2）平台和技术类标准。针对数据共享所依托的平台及其安全防护技术、运行维护技术，制定平台和技术类标准，对数据共享安全的技术和机制（包括安全监测、安全存储、数据溯源、密钥服务等）、平台建设安全（包括基础设施、网络系统、数据采集、数据处理、数据存储等）、安全运维（包括风险管理、应急服务以及安全测评等）提出要求。

3）数据安全类标准。制定数据安全类标准主要包括个人信息、重要数据、数据跨境安全等安全管理与技术标准，覆盖数据生命周期的数据安全，包括分类分级、去标识化、数据跨境、风险评估等内容，用于健全个人信息安全标准体系，指导重要数据的管理和保护，规范指导跨境数据共享。

4）服务安全类标准。针对数据开放、交换、交易等应用场景，提出共享服务安全类标准，包括数据共享服务安全要求、实施指南及评估方法等；规范数据交换共享过程的安全性和规范性，保护个人信息安全不受侵犯、企业利益不受损害等；保证数据交易服务产业的健康规范发展，促进政府、企业、社会资源的融合运用，支持行业应用和服务创新，提升经济社会运行效率等。

4. 研发和应用数据安全技术

数据开放及共享交换过程必然会涉及数据的汇聚、数据在提供者和使用者之间传输，以及数据脱离所有人控制使用等情况，数据将面临更大的安全风险，包括个人信息泄露、数据遭受攻击而泄露，以及数据被非法过度采集、分析和滥用等。国家安全主管部门和相关责任单位应制定并实施数据安全管控要求，包括立法、立制、立标等，最终要部署相应的自动化安全监管技术手段，才能真正有效地实施数据的安全管控。发展数据共享安全保护技术的目标是保障数据共享全程的可监测、可管控和可追溯。目前须突破的关键技术包括：全方位全天候的数据共享安全监测技术、细粒度数据资源访问控制技术、共享数据脱敏及去标识化技术、跨域多模式网络身份认证技术，以及数据标记及追踪溯源技术等，并在上述技术中推广使用国产密码算法。

6.3 大数据交换技术

通过建立组织的对外数据接口的安全管理机制，可防范组织数据在接口调用过程中的安全风险。

6.3.1 数据接口安全限制

数据交换平台需要与其他应用系统进行业务对接，因此需要提供数据接口，从而实现数据交换功能。

不同领域的数据交换存在基础信息编码规则不一致、技术体系多样性、数据共享不完全等不足，造成工作效率低下、数据混乱等现象。

1）基础信息不一致。在各类应用系统中，基础信息是系统的核心内容，如果由各领域自行维护，容易造成基础信息不一致的问题。

2）不同领域的系统技术体系多样化。各领域在开发相关应用系统时，使用的技术体系和架构不尽相同。不同的技术体系造成的问题是，在需要将多个应用系统进行整合时，技术体系之间相互不兼容。

3）数据共享机制不足，数据更新不及时。基于安全因素考虑，有些信息的获取相对困难。缺乏数据共享机制，则导致数据分析决策类的工作无法完成。因此需要一个对数据进行集中存储的数据仓库，在数据仓库基础上以服务的形式提供数据查询和分析服务。

因此基于数据交换的实际需求，需要建立一个能够对数据进行集中采集、存储、清洗和转换的数据中心，并且需要维护一个统一的基础信息库，规范编码标准。

6.3.2　大数据格式规范

1. 数据交换方式

不同大数据计算平台内部表示数据的方式并不相同，因此它们之间不能实现直接的数据交换。解决这个问题的思路有以下两种：

1）不同平台之间的数据交换使用不同的数据格式，如平台A、B均支持格式1，那么A、B之间的数据交换就使用格式1；平台A、C均支持格式2，那么A、C之间的数据交换就使用格式2。该方式的优点是实现较为简单，不需要修改数据计算平台的序列化逻辑，但是数据计算平台原生支持的数据格式往往不是为数据交换场景设计的，因而不够高效。

2）采用统一的专为数据交换设计的数据格式，各个平台都能实现其内部数据格式与该格式间的相互转换。这种方式需要改动数据计算平台的序列化逻辑，但效率较高。

为了实现数据类型的正确映射，有必要规定类型映射的规则。

2. 数据格式选择

数据格式的种类很多，但大体可以分为两种类型：

1）纯文本类型，典型的如CSV[23]、JSON、XML等。这类数据格式的优点是兼容性、可读性好，但是序列化的开销比较大，因此不适合表示数值类型的数据。

2）二进制类型，典型的如Avro、ORC、Parquet、Arrow等。这类数据格式的优点是适合表示数值类型的数据，但是可读性差。

大数据计算平台主要是对数值型数据做分析处理，一般使用二进制类型数据格式作为统一数据交换格式。

6.3.3 数据源异常检测

大多数的杀毒软件都包含异常检测功能，该种防护技术大多仍然基于校验和计算或者启发式技术。校验和计算的方法是根据正常文件的信息（包括文件名称、大小、时间、日期及内容等）计算校验和，然后再进行对比。针对交换数据源异常检测的方法可以分为三种：动态分析、静态分析和动态与静态相结合的分析技术。

（1）动态分析技术

动态分析技术主要采用的是基于ShellCode的检测方法。ShellCode的主要功能是获取必需的系统函数地址和利用获取的函数地址完成其释放并运行恶意代码的功能，而动态分析技术则是利用虚拟化的方式模拟ShellCode的执行。ShellCode的执行过程如图6-7所示。

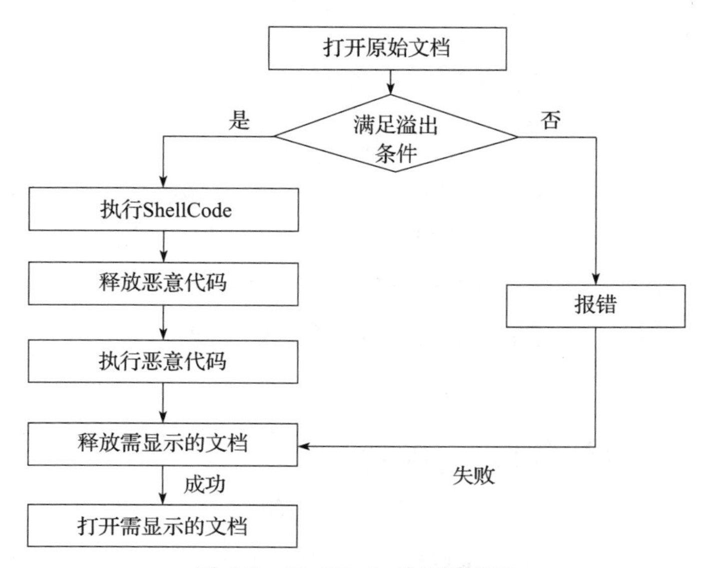

图6-7 ShellCode执行流程图

动态分析技术通过模拟恶意代码的执行，能够很好地定位恶意代码的位置，误报率低。但也正因为其依赖于恶意代码的执行，需要特定的指令环境和虚拟空间，因此时间花销较大，效率低。

（2）静态分析技术

静态分析主要是在提取和分析其中的JavaScript内容基础上进行的。基于JavaScript内容的检测有两个技术难题：一是交换文档中JavaScript内容的定位。JavaScript代码可能隐藏在交换文档的逻辑结构中，甚至位于文档标准所规定之外的其他位置。通过eval()函数，PDF文档中的任何文本内容都能够解释成JavaScript语言。因此不能阻止攻击者将大块的恶意JavaScript代码分散到文本中，等到其运行时再组合起来。二是JavaScript语言的高程度表现力，这给攻击者提供了强大的代码混淆平台。

（3）动态与静态相结合的分析技术

动态与静态结合分析虽然在发现及处理恶意代码的准确率上有着良好的表现，但是由于其运行效率低，时间开销大，难以适用于数据安全交换过程中大量数据传输的应用场景。

6.3.4 大数据异常检测应用

大数据异常检测技术已广泛应用于系统的安全防护之中，典型的应用如下。

1. 基于用户行为的大数据异常检测分析

中国移动针对垃圾短信、骚扰电话、诈骗电话等行为开展了基于大数据的不良信息治理工作。它使用Hadoop、HDFS、Pig、Hive等搭建大数据分析平台，采集用户数据并构建相应的用户行为分析模型，将用户的行为相关数据输入到该分析模型中，可准确地发现违规的电话号码，并发现违规号码与正常号码之间行为的差异。通过对用户行为数据进行采集，构建用户多维度画像，可在海量数据中智能识别不良内容，达到对不良信息进行治理的目标。

2. 基于网络流量的大数据异常检测分析

对互联网出口流量进行旁路流量监控，应用HDFS进行存储，使用Storm、Spark等流式处理技术整理数据，能够分析互联网出口中存在的异常流量行为。通过采集预定义时间段的原始数据、路由器配置数据等信息，采用指纹分析、多维度分析、行为模式分析以及孤立点分析等方法，能够发现CC攻击、DDoS攻击、Web漏洞挖掘等行为。

3. 基于安全日志的大数据异常检测分析

基于安全日志的大数据异常检测分析主要是融合多种系统安全日志，进行基于数据融合的关联分析，构建异常行为模型，从而发现异常行为。主要的安全日志包括Web日志、IDS设备日志、Web攻击日志、IDC日志、主机服务器日志、数据库日志、DNS日志及防火墙日志等，通过对这些日志进行规则管理分析、攻击行为挖掘、历史溯源等来分析各种攻击行为。IBM QRadar应用通过整理合并分散在网络中大量设备端点的日志数据，将原始数据进行标准化，区别安全威胁与错误判断，并与IBM Threat Intelligence相结合，维护潜在的恶意IP列表，与系统漏洞、事件和网络数据相关联，对安全性事件的优先级进行等级划分。

4. 基于DNS的安全大数据异常检测分析

基于DNS的安全大数据异常检测分析主要是通过对DNS产生的实时流量、日志进行大数据异常检测分析，对DNS流量的静态及动态特征进行建模，根据DNS协议提取相应的特征（如DNS分组长、DNS响应时间、发送频率、解析IP离散度、递归路径、域名生存周期等）。基于DNS报文特征，构建异常行为模型，检测针对DNS的各类流量攻击（如DNS劫持、DNS拒绝服务攻击）及恶意域名、钓鱼网站域名等。

5. APT攻击大数据分析

高级可持续威胁（APT）攻击通过严谨的策划与实施，对特定的攻击对象进行长期的、有计划的研究与攻击，具有高度隐蔽性、潜伏期长、攻击路径和渠道不确定等特征，已成为信息安全保障领域的巨大威胁。通过APT攻击大数据分析，收集业务系统流量、Web访问日志、数据日志、资产库及Web渗透知识库等，可提取系统的指纹、攻击种类、攻击时间、攻击手段、行为历史等事件特征，构建相应的知识库，再基于大数据机器学习方法，发现Web渗透行为，追溯攻击源，分析系统脆弱性，加强事中环节的威胁感知能力，提高发现系统隐藏威胁的能力。

6.4 小结

本章主要分析了大数据交换环节面临的安全威胁，介绍了数据共享的原则和安全框架，最后介绍了数据交换常用的技术。

习题6

1. 为什么要进行大数据交换？
2. 大数据交换时面临哪些威胁？
3. 有哪些数据交换技术？
4. 分析大数据共享的原则。
5. 说明大数据共享的模型要素。
6. 分析大数据共享安全框架。
7. 数据接口安全有哪些限制？
8. 试说明大数据的格式规范。
9. 分析数据源异常检测技术。

第 7 章

大数据恢复与销毁

由黑客窃取、病毒攻击、数据崩溃、网络崩盘、硬件故障、物理损坏以及自身误操作等引起的数据丢失灾难时有发生，数据恢复技术的进步标志着人类进入了以数字化为主体的数字信息时代。数据销毁技术则是涉密数据信息安全领域完整体系的形成标志，如果把数据恢复技术比作数据安全领域的“矛”，那么数据销毁技术就是数据安全领域的“盾”。

7.1　大数据备份

我们可通过执行定期的数据备份，实现对存储数据的冗余管理，保护数据的可用性。

7.1.1　大数据备份类型

台风、地震、海啸、火灾等自然灾害以及电脑病毒、黑客攻击等意外情况的发生，容易导致企业因数据丢失而遭受沉重打击。数据是企业最宝贵的资产之一，是企业生存的基础，也是企业核心竞争力的重要组成部分，一旦丢失，其后果可能是灾难性的，甚至会引发社会性问题。因此，数据的安全、备份和恢复显得尤为重要。

我国的国家标准《信息安全技术　信息系统灾难恢复规范》规定了容灾备份的具体要求，数据备份的重要指标如下。

1）恢复时间目标（Recovery Time Objective，RTO）：指信息系统从灾难状态恢复到可运行状态所需要的时间，用来衡量容灾系统的业务恢复能力。

2）恢复点目标（Recovery Point Objective，RPO）：灾难发生后，系统和数据必须恢复到的时间点要求，是指业务系统所运行的在灾难过程中可丢失的最大数据量，用来衡量容灾系统的数据冗余备份能力。

3）网络恢复目标（Network Recovery Object，NRO）：指在灾难发生后网络恢复或切换到灾备中心的时间。通常网络要先于应用恢复才有意义，但要在应用恢复后才能提供业务访问。

根据备份参数和应用场合的不同，备份分为以下四种类型。

（1）本地备份

本地备份指只在本地进行数据备份，并且被备份的数据磁带只在本地保存，没有送往异地。相比其他备份类型，其容灾恢复能力最弱。

在这种容灾方案中，最常用的备份设备就是磁带机，根据事件需要可以采用手工加载磁带机或自动加载磁带机。除了磁带机，还可选择磁带库、光盘塔、光盘库等存储设备进行本地备份。

（2）异地热备

异地热备是指在异地建立一个热备份点，然后通过网络进行数据备份。也就是说，通过网络以同步或异步方式，把主站点的数据备份到备份站点。备份站点一般只备份数据，并不承担业务。但当出现灾难时，备份站点会接替主站点的业务，从而维护业务运行的连续性。

这种异地远程数据容灾方案的容灾地点通常选择在距离本地不小于20千米的范围，它采用与本地磁盘阵列相同的配置，通过光纤或以双冗余方式接入到SAN网络中，来实现本地关键应用数据的实时同步复制。当本地数据及整个应用系统出现灾难时，系统至少在异地保存有一份可用的关键业务的镜像数据。该数据是本地生产数据的完全实时备份。

对于企业网来说，数据容灾系统由主数据中心和备份数据中心组成。其中，主数据中心采用高可靠性集群解决方案设计，备份数据中心与主数据中心通过光纤相连接。主数据中心系统配置的主机包括两台或多台服务器，通过安装HA软件组成多机高可靠性环境。数据存储在主数据中心存储磁盘阵列中。

异地备份数据中心要配置相同结构的存储磁盘阵列和一台或多台备份服务器。通过专用的灾难恢复软件可以自动实现主数据中心存储数据与备份数据中心数据的实时完全备份。在主数据中心，按照用户的要求，还可以配置磁带备份服务器，用来安装备份软件和磁带库。

磁带备份服务器可直接连接到存储阵列和磁带库，控制系统日常数据的磁带备份。两个数据中心利用光传输设备，通过光纤组成光自愈环。

（3）异地互备

异地互备方案与异地热备方案类似，不同的是主、从系统不是固定的，它们互为对方的备份系统。这两个数据中心系统分别建立在相隔较远的地方，且都处于工作状态，它们会相互进行数据备份。当某个数据中心发生灾难时，另一个数据中心能够接替其工作。通常在这两个系统的光纤设备连接中还会提供冗余通道，以备工作通道出现故障时及时接替。

异地互备有两种形式：

1）两个数据中心之间只进行关键数据的相互备份。

2）两个数据中心互为镜像，即实现零数据丢失。

零数据丢失是目前要求最高的一种容灾备份方式，它需要配置复杂的管理软件和专用的硬件设备，不管发生什么灾难，都能保证数据的安全。不过这种方式的恢复速度是最慢的。

（4）云备份

基于云的一种容灾备份方式是采用“两朵云”设计，即主数据中心部署的“生产云”为用户提供业务系统平台；容灾中心部署一套独立的“容灾云”，为“生产云”提供数据级容灾保护。当生产中心发生灾难时，可将整套云平台及相关的业务系统全部切换到容灾中心的容灾云中，从而继续提供服务。

将云存储应用于容灾备份，在很大程度上降低了异地容灾的成本，同时，即时的卷创建和卷扩展特性，节省了卷部署和扩展的时间，符合云计算架构下业务快速和弹性的部署要求。

7.1.2 备份加密

传统的数据灾备一般由企业自主管理，不管是源端、备端还是传输网络，都是企业的自有资源，安全性是有保障的，所以很多灾备系统重在保护数据的可用性和完整性，对机密性缺乏关注。

大数据灾备往往依托于多部门、多单位甚至是跨系统的综合平台，因此数据在传输过程或存储介质上的安全性问题也会格外突出。在灾备工作的具体实践中，一般采用基于端的和基于通道的加密方式进行数据的安全保护。

随着云计算特别是公有云的兴起，企业需要不断加强数据的云端加密保护。首先从备份数据存储安全性的角度来看，备份数据如果在存储介质上以明文方式存放，容易被黑客攻击造成数据外泄。其次，从备份数据传输安全性的角度来看，备份数据如果在网络传输过程中以明文方式传输，容易受到数据包截取等手段攻击，造成备份数据泄露。

针对备份数据的加密方式，大致分为两类。

（1）端加密

端加密是对数据的源端和目的端的存储进行加密，即一个文件系统或一个数据库对存储在其中的数据进行加密。简单地说，端加密主要包括硬件加密和软件加密两种方式。硬件加密技术一般指采用硬件数据加密技术对产品硬件进行加密，具备防止暴力破解、密码猜测、数据恢复等功能，实现方式有键盘式加密、刷卡式加密、指纹式加密等。软件加密则是通过产品内置的加密软件实现对存储设备的加密，实现方式主要有软件内密码加密、证书加密、光盘加密等。

（2）传输加密

传输加密是指在备份数据发起端与备份介质之间串联一个数据加密网关，备份数据发起端先与加密网关建立安全隧道，备份数据通过安全隧道安全地传输到备份介质。同时加密网关以安全透明的方式实时加密备份传输过程中的数据。

在具体的应用中，最为理想的情况是采用端加密与传输加密结合的方式，存储设备具有数据文件加密功能并提供安全隧道服务。备份数据发起端先与加密网关建立安全隧道，备份数据通过安全隧道进行传输以保证安全。同时在备份数据在落地到存储介质前，会先对备份数据文件进行加密，以保证存储介质上存放的都是密文数据。

7.2 大数据恢复

数据恢复是指由于各种原因（物理故障如磁头损坏、电机损坏、磁盘坏道、电路损坏等；逻辑故障如误删除、误克隆、误格式化、病毒攻击等）导致存储介质上数据丢失，从而把保存在存储介质上的数据进行重新恢复的过程。

7.2.1 大数据恢复演练

数据的快速恢复关系到企业业务的正常运作。如果等到真正出现数据灾难时才进行数据恢复操作，往往会由于恢复流程不熟练，或者备份的源数据有错误等导致数据恢复不成功，给企业带来无可挽回的损失。为了避免这种情况的发生，数据不仅需要定时备份，还需要进行定期的数据恢复演练，从而提升管理人员对数据保护的应变能力，同时也能效验备份数据的正确性。

大数据恢复演练依据数据恢复计划（Data Recovery Plan，DRP）制定的流程进行：

1）对现有的系统进行调研，为编写 DRP 手册提供依据。

2）编写 DRP 手册，包括单位概况、灾难恢复团队、日常备份和恢复流程、灾难响应和行动流程、应用系统详情、数据恢复计划的测试等内容。

3）根据 DRP 手册进行恢复演练，如果演练不能通过，则修改 DRP 手册，然后再进行演练，直到通过为止。

4）确认 DRP 手册，根据 DRP 手册进行数据备份系统的管理和运行。

7.2.2 数据容灾

单个数据中心无法独自应对不可抗拒的自然灾难或人为灾难，需要通过数据容灾技术构建高效的容灾环境。

对于 IT 而言，数据容灾系统就是为计算机信息系统提供一个能应付各种灾难的环境。在计算机系统遭受水灾、火灾、地震、战争等不可抗拒的自然灾难，以及计算机犯罪、计算机病毒、掉电、网络 / 通信失败、硬件 / 软件错误和人为操作错误等人为灾难时，容灾系统将保证用户数据的安全性（即数据容灾）。一个完善的容灾系统甚至还能提供不间断的应用服务（即应用容灾）。

在云计算时代，通过低延时、高吞吐的数据传输，在满足频繁读写性能需求的同时，可实现持续保护的灾难恢复。云容灾系统同时具有本地高可用性系统、异地容灾系统的优点，加上云端的集中管理、集中数据分析等功能，就可以打造一种功能强大的容灾应用。

目前业界主流的容灾技术是两地三中心技术，如图7-1所示，数据中心A和数据中心B在同城作为生产级机房，当用户访问的时候会随机访问到数据中心A或B。之所以是随机访问，是因为A和B会同步进行数据复制，所以两个数据中心的数据是完全一样的。

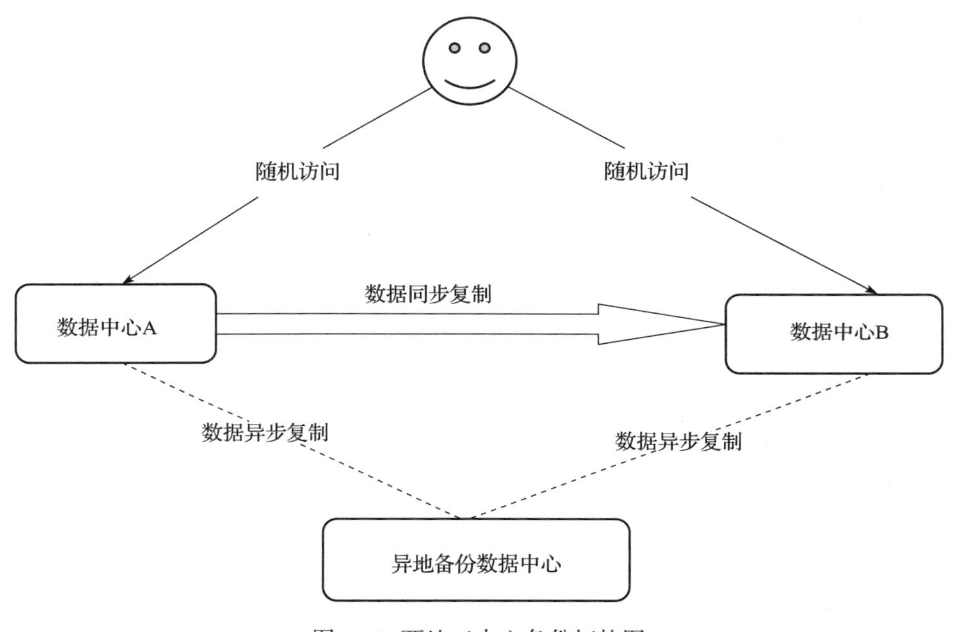

图7-1 两地三中心备份拓扑图

在两地三中心的概念里，要求这两个生产级数据中心必须在同一个城市，或者在距离很近的另外一个城市，也就是它对距离是有要求的。如果距离太远，同步复制的延时会增加。

异地备份数据中心不对外提供服务，原因是数据从生产级数据中心到异地的节点采用异地复制，会有延时，数据可能会不一致。

7.3 大数据销毁处置

通过建立针对数据的删除、净化机制，可实现对数据的有效销毁，从而防止因对存储媒体中的数据进行恢复而导致的数据泄露风险。

7.3.1 大数据销毁场景

采用数据覆盖等一系列软件方法进行数据销毁称为软销毁，也称为逻辑销毁。对于保密等级相对而言不是很高的数据进行销毁时，一般使用软销毁。如一般的企业、个人文件等，存储空间可以重复使用。软销毁的数据一般包括：

1）过期数据：包括长期没有任何访问需求的、超过生存时间戳的、因删除不尽造成的数据残留等。

2）过多的备份：云存储一般都是冗余存储的，云存储环境中有大量的用户数据备份，尤其是对于那些存储时间较长的数据，会产生过多不必要的数据备份。

3）被恶意攻击的数据：指那些正在遭受恶意攻击或者有可能受到恶意攻击的用户数据，甚至是合法访问者的非授权请求的数据。

4）失效节点上的数据：失效节点指那些因为硬件问题或者网络问题而脱离网络的存储节点，如果对这些存储节点上的用户数据处理不当，会造成大量用户的信息泄露。

7.3.2 数据删除方式

根据磁盘的写数据原理可知，逻辑销毁的思想就是向准备销毁的数据块区中反复写入无意义的随机数据，比如“0”“1”，将原有数据覆盖并替换，达到数据不可读的目的。逻辑销毁包括以下几种方式：

1）数据删除。删除与格式化操作是计算机用户最常用的两种清除数据的方式，但其实它们都不是真正意义上的数据销毁方法。

以 Windows 系统为例，磁盘数据以簇为基本单位存储且存储位置以一种链式指针结构分布在整个磁盘。删除操作就是在文件系统上新创建一个空的文件头簇，然后将删除文件占用的其他簇都标为“空”，让文件系统“误认为”该文件已经被清除了。

2）数据重写。数据重写又叫覆写销毁，是目前研究的主流数据销毁技术。数据重写技术主要是通过采用规定的无意义数据序列，利用特定的重写规则，覆盖磁性存储介质上的原始数据。

由于磁存储介质具有磁残留特性，因此会导致磁头在进行写操作时，每一次写入的磁场强度都不一致，这种差别会在写入记录间产生覆写痕迹，这就使得有可能可通过专业设备分析重构出数据副本。为解决这一类数据重写的缺陷，最有效的方法就是进行多次重写。美军的数据销毁标准 DOD-5220.22M 便是使用了多达 7 次的重写以达到销毁效果。根据不同安全级别的需求，可采取不同强度的重写算法。

除了人工可控的数据销毁方法外，还需要考虑销毁的效率以及自动进行数据销毁等问题。

销毁加密数据的密钥的方式并不销毁数据本身，而是使得数据不可访问，这种方案可大大提升数据销毁的性能。

在数据块层使用全有或全无的转换（All Or Nothing Transform，AONT）技术，可实施数据销毁。通过 AONT 算法生成数据块且重写其中任意一部分数据块就会使得整个数据都不可用，达到数据销毁的目的。这种方法为远程数据销毁技术提供了很好的理论支撑。

通过将应答失效作为触发销毁的条件，引入数据的生命周期和访问控制等技术，可实现数据的自动销毁。但该方法只针对单节点进行分析，不适合分布式系统环境。对触发销毁的条件进行优化，建立“感知层”对事件进行监控，利用粗糙集合筛选并判定触发条件，可实现分布式系统的数据自毁。

7.4　存储媒体的销毁处置

通过建立对存储媒体安全销毁的规程和技术手段，可防止因存储媒体丢失、被窃或未授权的访问而导致存储媒体中数据泄露的安全风险。

7.4.1　存储媒体销毁处理策略

采用物理、化学方法直接销毁存储介质，从而彻底销毁存储在其中的用户数据的方法，称为数据硬销毁。硬销毁通常用于保密等级比较高的场合，如国家机密、军事要务等。

数据硬销毁的物理破坏方法有焚烧、粉碎等，但是磁盘的碎片仍然可以被恶意用户所利用，而且物理破坏方法需要特定的环境和设备；化学破坏方法是指用特定的化学物来熔炼；然而，不管是物理破坏方法还是化学破坏方法，被销毁的存储介质都不能被重复使用，造成了一定的浪费，并且有着一定的污染，所有基本上没有得到广泛的应用。

7.4.2 存储媒体销毁方法

存储媒体销毁方法，即借助人力、外力采用物理破坏的手段来销毁存储媒体，从而达到数据彻底清除且不可恢复的目的，这种销毁方法往往用于不易搬运移动的存储设备或涉密级别极高的存储设备。目前物理销毁普遍采用以下几种方式：

1）消除磁性方式。又称“消磁法”，是一种使磁盘存储数据功能失效的销毁手段。采用消磁设备对磁性存储介质瞬时提高磁场强度，使介质磁表面磁性颗粒失去作用，从而失去存储数据的功能。

消磁法十分高效，但这种方法会使磁盘失去存储功能，导致磁盘不可被重复使用。

2）化学腐蚀方式。运用化学试剂喷洒磁性存储介质的磁表面，腐蚀破坏其磁性结构。这种方法曾被美国军方使用，磁盘一旦遭受强行拆卸，其内部会自动释放化学试剂，达到数据销毁的目的。

3）物理粉碎方式。物理粉碎法类似于碎纸机销毁纸质文件的方式，通过设备对存储介质碾压、敲击、切割、磨碎，使其成为碎片状或颗粒状。即使不法分子获取了全部物理残骸，也不可恢复或须花费极大的代价进行物理恢复。

4）物理焚化方式。运用熔炼、焚烧的方式，将磁性存储介质化为灰烬，数据信息将不复存在。

物理销毁存储媒体方式具有快速、高效、彻底的特点，但是其花费成本高且并不适用于大部分存储设备，故缺乏广泛的应用性。对于涉密级别不高的设备或个人用户而言，一般采用软方式进行数据销毁。

7.5 小结

数据恢复和销毁是大数据生命周期中两个重要的内容，相互对立又存在紧密联系。本章主要介绍了数据的备份、恢复、容灾技术与管理办法，最后介绍了数据销毁和存储数据的媒体销毁措施。

习题 7

1. 数据备份有哪些指标？
2. 数据备份有哪些类型？
3. 如何加密备份数据？
4. 如何开展数据恢复演练？
5. 如何构建高效的容灾环境？
6. 什么是软销毁？软销毁的数据一般包含哪些？
7. 有哪些逻辑销毁方式？
8. 有哪些存储媒体销毁方法？

第 8 章

大数据安全态势感知

构建大数据安全态势感知平台的目的是帮助管理人员对大数据安全风险的全局掌控和综合评估，加强漏洞检测，及时防护。

8.1 安全态势感知平台概述

8.1.1 安全态势感知平台的研究背景

互联网给人们的生活带来巨大便利的同时，由于其开放共享的特性，也带来了很多安全隐患。黑色产业发展迅速，攻击手段持续升级，黑客利用网络漏洞和工具从数据库、网站途径等爬取大量敏感数据，在暗网上进行售卖。随着企业资产规模的不断扩大，设备种类繁多，企业对内部资产不清晰会导致防护的疏漏，造成漏洞频发，内部资料外泄。除此之外，交易欺诈、支付欺诈、木马病毒、网络钓鱼等事件的频发对普通用户使用网络也造成了恶劣的影响。

据戴尔公司的调查显示，2019 年 82% 的企业组织受到网络攻击而丢失数据，较 2018 年上升了 6%，且攻击频次和数量还在不断增长中。仅 2019 年国际上就发生了数百起大型网络安全事故，造成了极大的损失。例如，2019 年 1 月，云数据管理平台巨头 Rubrik 的数据库中数十 GB 的客户信息数据遭黑客攻击，客户的姓名和联系方式全部外泄；2019 年 2 月，WinRAR 爆发了最严重的安全漏洞，导致至少 5 亿的用户面临攻击风险；2019 年 3 月，8.7 亿从热门网站窃取的用户信息被黑客挂在暗网上秘密叫卖。

网络攻击手段的多样化和隐蔽性使网络安全防护成为难题。愈加复杂的攻击工具和不断升级的攻击手段使得现有的防御机制无法支撑大数据环境下的防护需求。传统的防护措施，如利用杀毒软件进行系统查杀、利用防火墙拦截计算机病毒入侵等手段均是基于已知的威胁情报产生报警信息，威胁检测能力有限，对于APT攻击、恶意扫描等未知的威胁无法起到防护作用。安全态势感知系统应运而生，其具有强大的防护能力，既能准确而高效地检测现有威胁，又能提炼威胁情报信息，判断出潜在威胁，同时提供可视化分析功能，用多类图表来展示分析结果。

安全态势感知平台的核心是对日志的分析技术，日志是记录网络设备状态的重要途径之一，任何安全事件都会在系统日志上留下记录，通过对日志进行分析可以判断系统是否遭受到网络攻击，进一步判断攻击的类型。然而在大数据环境下，网络技术的快速发展和互联网用户的极速上升导致日志堆积，传统的单机安全态势感知系统根本无法应对TB甚至PB级的日志处理要求。

为了解决大数据环境下日志分析的需求，谷歌研发了分布式计算框架Hadoop。

8.1.2 大数据安全平台面临的挑战

数据采集来源的多样化和安全防护管理工具的广泛应用，使得采集的数据只能各自使用，形成了相互隔离的“数据孤岛”。加上数据安全检测、防护以及评估方法的局限性，人们缺乏有效的数据联动和对数据整体安全状况的掌控。具体表现为：

1）系统复杂性导致脆弱性成倍增加。众多传统应用和服务应用互联构成了复杂系统。除了原先系统的脆弱性外，系统间互联带来了更多的新的安全挑战。

2）虚拟化导致安全边界模糊。云计算的核心是虚拟化，而虚拟化将模糊系统间的边界。如果一个系统被攻破，可能发生雪崩效应，使得更多的虚拟机遭入侵，从而造成灾难性后果。

3）数据共享交换平台带来的数据安全问题。大数据共享交换需要跨部门、跨机构和跨系统进行数据共享和数据融合，这将极大地增加数据管理的难度，导致在移动和存储过程中数据泄露的可能性增加。

4）更多隐私信息的收集与分散存储，使得隐私数据保护更加困难。各种平台收集并存储不同的与个人相关的信息。这种分散收集与存储使得个人隐私泄露的风险极大提升。

5）用户群体安全意识与知识水平的差异，使得敏感信息更易泄露。用户的安全意识、知识水平千差万别，非常容易成为攻击者的突破口，是大数据安全极大的脆弱点。

6）采集设备（传感器），可能成为大数据安全的另一类攻击点。大数据城市有一个庞大的传感层，它们负责采集并上传城市的运行数据。由于这些采集设备（传感器）缺乏有效的物理保护，极容易成为攻击者攻击大数据的通道。

8.1.3 安全态势感知的研究进展

在构建安全感知平台之前，相关安全防护技术主要针对网络安全领域。网络安全的研究经过了三个阶段，如表 8-1 所示。

表 8-1 安全防护技术发展简况

时间	阶段	思想
20 世纪 50 年代	设计防御	在设计之初考虑到软硬件所有可能存在的漏洞
20 世纪 70 ～ 80 年代	IDS	异常检测和误用检测，核心思想是被动防御
20 世纪 90 年代以后	安全态势感知	安全防御从被动转为主动

在 20 世纪 50 年代，安全防护的目标是建设绝对防御系统，通过在设计之初考虑到软硬件所有可能存在的漏洞，做到全面安全防御。但是，恶意入侵的频发使人们意识到单纯通过系统设计来防御的想法并不现实。

自 20 世纪 70 年代开始，入侵检测系统（Intrusion Detection System，IDS）的研究逐渐兴起。IDS 对系统中已存在的威胁进行检测，检测方法包含异常检测和误用检测。异常检测的核心思想是在系统各项指标正常运转的前提下，搜集多组正常样本数据建立模型，将系统当前数据特征与模型进行比较，识别异常数据，然而当系统中某些用户的行为特征没有被列入参考模型或是用户行为发生改变，异常检测会出现偏差。误用检测是将所有已知的攻击手段，如漏洞攻击、扫描攻击等手段融合起来，形成入侵模型，将检测数据与入侵模型相比较，识别攻击手段。然而，层出不穷的攻击手段和新的攻击特征使得入侵模型无法满足安全检测需求，只能识别一些比较简单的攻击手段，对高级攻击和复合型攻击显得力不从心。

被动分析的安全手段的保障效果差强人意，1988 年 Endsley 首次提出网络态势感知的概念，将安全防御手段从被动转为主动。Endsley 将态势感知定义为在时空范围有限和认知并理解该时空环境的前提下，对当前的安全情况做出判断，并对未来的安全发展趋势做出预测，在此基础上提出了态势感知的三层嵌套模型，如图 8-1 所示。

Endsley 模型的核心是对周围环境要素的提取和理解，以及对未来环境的预测。安全态势感知结构如今被广泛应用，核心手段是数据融合技术，即 JDL（Joint Directors of Laboratories）模型。JDL 模型将数据融合分为四个细化步骤，分别是目标、态势、风险和过程的细化，在数据层向下融合实时监测数据，向上为分析提供安全态势信息，将不同数据源的数据进行整合和分析，根据数据之间的关系实现目标识别和估计、态势分析和威胁评估等功能，为用户提供决策依据和安全支持。

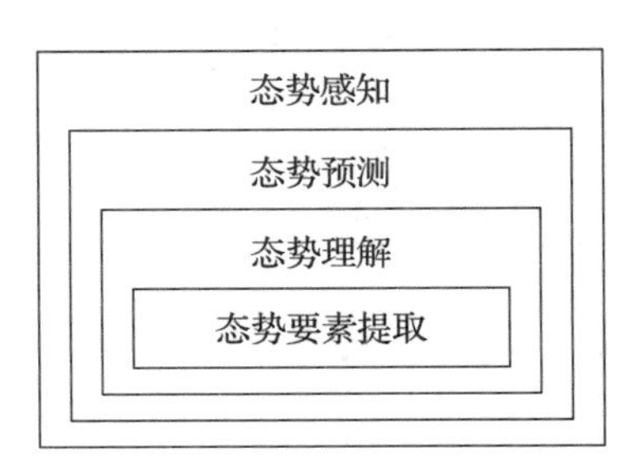

图 8-1　安全态势感知模型

当前大多数安全态势感知模型都是在 Endsley 模型的基础上，针对不同场景的需求，在动态性、安全性、可视性、自动化等方面做了延伸。

8.1.4　安全态势感知的关键技术

安全态势感知的关键技术有：

1）数据融合技术：收集来源于不同设备、不同应用的日志数据，打破原有数据表行之间的独立性，对数据进行融合。制定统一标准，将清洗过滤后的日志数据进行标准化与关联，使得不同来源的日志数据按照统一的格式存储，为日志分析做准备。

2）数据挖掘技术：安全态势感知采集的数据十分复杂，其中掺杂着大量的有用数据和无用数据，甚至还包含着一定的干扰数据。数据挖掘就是从海量数据中挖掘最有用的信息和资料，从实际应用数据中挖掘那些事先未知的信息，并将这些隐藏的规律性数据转化为最终可理解的信息。从数据挖掘技术的应用方法来看，最常见的途径有关联分析法和聚类分析法。关联分析法探究的是数据之间的联系，聚类分析法的划分具有一定的未知性。

3）特征提取技术：特征提取技术的应用是以数学方法为基础，把特定的数据融合到一定的值域范围内，把数据划分为一组或者几组数值。特征提取技术的应用是安全态势评估和分析的基础，能够为后续的预测提供参考。一般来说，安全态势特征的提取方法以层次分析法和综合分析法为主。

4）态势预测技术：在应用态势预测技术的过程中，要将历史资料和现有的信息数据结合到一起。借助态势预测技术对未来一定时期内的发展情况进行分析，引导监管人员制定出相应的安全策略，并及时预防和处理一些紧急事件。

5）可视化技术：将预处理后的数据的相关性存储在关系表中，通过图像映射的方式把表格转换为图像结构，再通过坐标缩放和着色等方式创建视图，实现可视化、可调控。

8.2 数据融合技术

8.2.1 数据融合的定义

在多传感器系统中，数据表现形式多样，数据容量及数据的处理速度等要求都已大大超出了人脑的信息综合能力，数据融合技术应运而生。

多传感器数据融合技术获得了普遍的关注和广泛应用，“融合”一词几乎无限制地被众多应用领域所引用。这些应用领域主要有：机器人和智能仪器系统；战场任务和无人驾驶飞机；图像分析与理解；目标检测与跟踪；自动目标识别；多源图像复合。数据融合是针对一个系统中使用多种传感器（多个或多类）这一特定问题而展开的一种数据处理技术。数据融合是利用计算机技术对按时序获得的若干传感器的观测信息，在一定准则下加以自动分析、综合，以完成所需的决策和估计任务而进行的数据处理过程。

数据融合最早用于军事领域，在军事教科书中将数据融合定义为一个处理探测、互联、相关、估计及组合多源信息和数据的多层次和多方面过程，以便获得准确的状态和身份估计、完整而及时的战场态势和威胁估计。这一定义包含三个方面：第一，数据融合是在几个层次上完成对多源数据处理的过程，其中每个层次都表示不同级别的数据抽象；第二，数据融合包括探测、互联、相关、估计以及数据组合；第三，数据融合的结果包括较低层次上的状态和身份估计，以及较高层次上的整个战术态势估计。

综合考虑上述两个定义，融合都是将来自传感器或多源的数据进行综合处理，得出更为可信的结论。这一综合过程有多种名称，如多传感器或多源相关、多源合成、多传感器混合、信息融合、数据融合，后两种说法应用最多。这是因为“融合”是一种非数学的术语，意指“组合或综合成一个整体”的过程，避免了“相关”或“集成”这样的术语。“相关”和“集成”只是融合过程中执行的不同数学运算。根据大数据的含义，用数据融合更为合适。

8.2.2　数据融合的基本原理

1. 数据融合的基本原理

多传感器数据融合是人类或其他逻辑系统中常见的基本功能。人非常自然地运用这一能力把来自人体各个传感器（眼、耳、鼻、四肢）的信息（景物、声音、气味、触感）组合起来，并使用先验知识去估计、理解周围环境和正在发生的事件。由于人类感官具有不同的度量特征，因而可测出不同空间范围内的各种物理现象，这一过程是复杂的，也是自适应的。把各种信息或数据（图像、声音、气味以及物理形状或上下文）转换成环境的有价值的解释，需要大量不同的智能处理，还需要适用于解释组合信息含义的知识库。

在模仿人脑综合处理复杂问题的数据融合系统中，各种传感器的信息可能具有不同的特征：实时的或者非实时的，快变的或者缓变的，模糊的或者确定的，相互支持或互补，也可能互相矛盾或竞争。而多传感器数据融合的基本原理也是像人脑综合处理信息一样，充分利用多个传感器资源，通过对这些传感器及其观测信息的合理支配和使用，把多个传感器在空间或时间上的冗余或互补信息依据某种准则进行组合，以获得被测对象的一致性解释或描述。数据融合的基本目标是通过数据组合而不是出现在输入数据中的任何个别元素，推导出更多的信息，这是最佳协同作用的结果，即利用多个传感器共同或联合操作的优势，提高传感器系统的有效性。

多传感器数据融合系统与所有单传感器信息处理或低层次的多传感器数据处理方式相比，单传感器信息处理或低层次的多传感器数据处理都是对人脑信息处理的一种低水平模仿，它们不能像多传感器数据融合系统那样有效地利用多传感器资源。多传感器系统可以更大程度地获得被探测目标和环境的信息量。多传感器数据融合与经典信号处理方法之间也存在本质的区别，其关键在于数据融合所处理的多传感器信息具有更复杂的形式，而且可以在不同的信息层次上出现。这些信息抽象层次包括数据层、特征层和决策层。

2. 数据融合系统的边界

数据融合系统通常从各种数据源采集数据，一般会涉及多种传感器系统。在传感器系统与所谓数据融合系统之间没有明确的边界。数据融合的两个“近邻”问题是跟踪和图像分析。跟踪问题可简单地描述为将来自一个或多个数据源的测量值互联起来形成一个目标的轨迹或“航迹”，图像分析是根据高分辨率传感器（如 TV 摄像机、热成像仪、合成孔径雷达等）的输出演绎出所观察情景的三维模型。

狭隘的数据融合定义认为：跟踪和图像识别问题在整个传感器数据处理链中处于数据融合过程之前，跟踪和识别的结果作为数据融合系统的输入。数据融合的输出可直接由人使用或用于态势评定。

广义数据融合定义认为，数据融合包括从传感器探测以后的所有处理到资源分配前态势评定的最高级。

3. 数据融合的种类

有两种不同的融合系统。第一类是局部或自备式，它收集来自单个平台上多个传感器的数据。第二类称为全局或区域融合，它组合和“相关”（互联、关联）来自空间和时间上各不相同的多平台多个传感器的数据。

4. 数据融合的级别

按照数据抽象的层次，融合可分为三个级别，即像素级融合、特征级融合和决策级融合。

（1）像素级融合

像素级融合是直接在采集到的原始数据层上进行的融合，在各种传感器的原始测报未经预处理之前就进行数据的综合和分析。这是最低层次的融合，如成像传感器中通过对包含若干像素的模糊图像进行图像处理和模式识别来确认目标属性的过程就属于像素级融合。这种融合的主要优点是能保持尽可能多的现场数据，提供其他融合层次所不能提供的细微信息。

由于处理的传感器数据量太大，其局限也比较明显，即处理代价高，处理时间长，实时性差。

（2）特征级融合

特征级融合属于中间层次，它先对来自传感器的原始数据进行特征提取（特征可以是目标的边缘、方向、速度等），然后对特征数据进行综合分析和处理。一般地，提取的特征数据是像素数据的充分表示量或充分统计量，然后按特征数据对多传感器数据进行分类、汇集和综合。特征级融合的优点在于实现了可观的数据压缩，有利于实时处理。由于所提取的特征直接与决策分析有关，融合结果能最大限度地给出决策分析所需要的特征数据。

（3）决策级融合

决策级融合是一种高层级融合，其结果为指挥控制决策提供依据。决策级融合从具体决策问题的需求出发，利用特征级融合所提取的测量数据的各类特征数据，采用适当的融合技术来实现。决策级融合是三级融合的最终结果，是直接针对具体决策目标的，融合结果直接影响决策水平。

决策级融合的主要优点有：具有很高的灵活性；系统对信息传输带宽要求较低；能有效地反映环境或目标各个侧面的不同类型信息；当一个或几个传感器出现错误时，通过适当的融合，系统还能获得正确的结果，具有容错性；通信量小，抗干扰能力强；对传感器的依赖性小，传感器可以是同质的，也可以是异质的；融合中心处理代价低。

但是，决策级融合首先要对原传感器数据进行预处理以获得各自的判定结果，所以预处理代价高。

8.2.3 数据融合的技术和方法

数据融合作为一种数据综合和处理技术，实际上是许多传统学科和新技术的集成和应用。广义的数据融合概念包括通信、模式识别、决策论、不确定性理论、信号处理、估计理论、最优化技术、计算机科学、人工智能和神经网络等。

相关处理要求对多传感器或多源测量数据的相关性进行定量分析，按照一定的判别原则，将数据分为不同的集合，每个集合中的数据都与同一源（目标或事件）关联。解决相关问题的技术和算法，如最近邻法则、最大似然法、最优差别、统计关联和联合统计关联等。

（1）估计理论

统计估计器最早用于估计行星位置，Gauss 提出的最小二乘法（18 世纪末）引入了使用带有估计误差的多个观测数据的概念。Fisher 在最大似然估计法中运用观测结果的概率密度函数（20 世纪初），使估计的概率密度函数的对数值最大。Komogrov 和 Winer 对统计估计概念进行了补充（20 世纪中期），用于连续或离散的测量序列中。直到 20 世纪 70 年代，统计估计器发展为一种实用的递推估计器。后来引入了非线性，改进了多传感器多目标系统的估计方法。这些估计方法的假设前提是：一个能把各种测量结果与参数关联起来的线性模型；具有关于测量误差的统计知识；已确定测量数据来自同一目标或事件。估计理论的应用范围包括几何定位、跟踪和测向。

（2）识别技术

识别技术有多种，比较成熟的有贝叶斯法、模板法、表决法、神经网络、有证据推理（Dempster-Shafer）法、专家系统法等。

1）物理模型类识别技术。物理模型类识别技术企图准确地建立可观测数据或可计算数据的模型，并通过将模型化数据与实际数据进行匹配来估计目标的特征。但是，要建立特征数据的模型是非常困难的，它只能利用一些经典技术在概念上估计目标特征，因而只用于某些基础研究。

2）参数分类识别技术。参数分类识别技术不利用物理模型，而是把参数化数据直接映射到特征说明，再通过特征属性对目标进行分类。参数分类法可进一步分为统计法和信息论技术。

3）识别模型类技术。基于认识的方法都是模仿人类的推理过程进行识别，即基于人类处理信息的方法得出分类结果。这类技术包括专家系统、逻辑模板、模糊集合论和品质因数（FOM）法等。前两种技术主要用于对复杂实体的存在性和意图进行高级推理。

8.3 数据挖掘技术

8.3.1 数据挖掘的概念

大数据中蕴含着大量的信息，对于如何处理这些数据而得到有益的信息，人们进行了很多探索研究。计算机技术的迅速发展使得处理数据成为可能，这就推动了数据库技术的极大发展，但是面对如潮水般不断增加的数据，人们不再满足于数据库的查询功能，而是提出了深层次问题：能不能从数据中提取信息或知识为决策服务，也就是说如何将底层的数据转变为一种知识，如图 8-2 所示。目前使用传统的数据库技术解决该问题，已经显得无能为力。

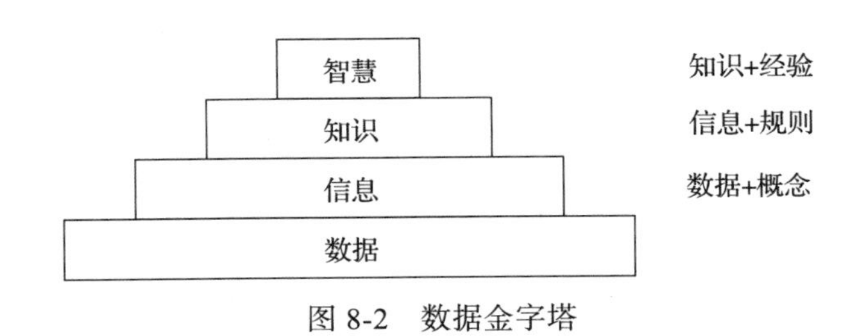

图 8-2　数据金字塔

其实，数据库本身也存在一个发展的过程，从开始的原始数据文件处理到数据库系统，再到具有索引、查询等复杂功能的数据库管理系统，再发展到更高级的数据库，如数据仓库、基于 Internet 的全球化信息等。数据越来越多，数据库越来越复杂，功能越来越强，但还是偏向于管理，要想发现数据中的关联和规则，或是根据现有的数据预测未来的发展趋势还是不可能。所以迫切需要一种能自动地把数据转换成有用信息和知识的技术和工具。

从数据库中发现知识（Knowledge Discovery in Database，KDD）是 20 世纪 80 年代末开始的。知识发现被认为是从数据中发现有用知识的整个过程，涉及的问题有：定性知识和定量知识的发现；知识发现方法；知识发现的应用。

数据挖掘被认为是 KDD 过程中的一个特定步骤，主要研究发现知识的各种方法和技术，是知识发现的核心工作。

知识发现过程包括三部分：数据准备、数据挖掘及结果的解释和评估。

（1）数据准备

数据准备分为三个子步骤：数据选取、数据预处理和数据变换。

数据选取的目的是确定发现任务的操作对象，即目标数据，它是根据用户的需要从原始数据库中抽取的一组数据。数据预处理一般包括消除噪声、推导计算缺值数据、消除重复记录、完成数据类型转换等。数据变换的主要目的是消减数据维数或降维，即从初始特征中找出真正有用的特征，以减少数据挖掘时要考虑的特征或变量个数。

（2）数据挖掘

数据挖掘阶段首先要确定挖掘的任务或目的，如数据分类、聚类、关联规则或序列模式发现等。确定了挖掘任务后，就要决定使用什么样的挖掘算法。选择实现算法有两个考虑因素：一是不同的数据有不同的特点，因此需要用与之相关的算法来挖掘；二是要根据用户或实际运行系统的要求，有的用户可能希望获取描述型的、容易理解的知识，而有的用户只是希望获取预测准确度尽可能高的预测型知识。选择了挖掘算法后，就可以试试数据挖掘操作，获取有用的模式。

（3）结果的解释和评估

对于数据挖掘阶段发现的模式，经过评估可能存在冗余或无关的模式，这时需要将其剔除；也有可能模式不满足用户要求，这时则需要回退到知识发现过程的前面阶段，如重新选取数据，采用新的数据变换方法，设定新的参数值，甚至换一种挖掘算法等。由于 KDD 最终是面向人类用户的，因此可能要对发现的模式进行可视化，或者把结果转换为用户易懂的另一种表示，如把分类决策树转换为“IF…THEN…”规则。

数据挖掘仅仅是整个过程中的一个步骤。数据挖掘质量的好坏有两个影响因素：一是所采用的数据挖掘技术的有效性，二是用于挖掘的数据的质量和数量（数据量的大小）。如果选择了错误的数据或不适当的属性，或对数据进行了不适当的转换，则挖掘的结果是不会好的。

整个挖掘过程是一个不断反馈的过程。例如，用户在挖掘途中发现选择的数据不太好，或使用的挖掘技术产生不了期望的结果。这时，用户需要重复先前的过程，甚至从头重新开始。

8.3.2　数据挖掘任务

数据挖掘任务有 6 项：关联分析、时序模式、聚类、分类、偏差检测、预测。

（1）关联分析

关联分析是从数据库中发现知识的一类重要方法。若两个或多个数据项重复出现且重复的次数比较多时，就存在某种关联，可以建立起这些数据项的关联规则。

例如，买面包的顾客有 90% 的人还买牛奶，这是一条关联规则。若商店中将面包和牛奶放在一起销售，将会提高它们的销量。

在大型数据库中，有很多关联规则，需要进行筛选。一般用“支持度”和“可信度”两个阈值来淘汰一些无用的关联规则。

“支持度”表示该规则所代表的事例（元组）占全部事例（元组）的百分比。如既买面包又买牛奶的顾客占全部顾客的百分比。

“可信度”表示该规则所代表事例占满足前提条件事例的百分比。如既买面包又买牛奶的顾客占买面包顾客中的90%，则可信度为90%。

（2）时序模式

时序模式即通过时间序列搜索出重复发生概率较高的模式。这里强调时间序列的影响。例如，在所有购买了激光打印机的人之中，半年后80%的人再次购买了新硒鼓，20%的人用旧硒鼓装碳粉。

在时序模式中，需要找出在某个最小时间内出现比率一直高于某一最小百分比（阈值）的规则。这些规则会随着形式的变化做适当的调整。

在时序模式中，一个有重要影响的方法是“相似时序”。使用“相似时序”的方法，要按时间顺序看时间事件数据库，从中找出另一个或多个相似的时序事件。

（3）聚类

数据库中的数据可以划分为一系列有意义的子集，即类。在同一类别中，个体之间的距离较小，而不同类别的个体之间的距离偏大。聚类增强了人们对客观现实的认识，即通过聚类建立宏观概念。

聚类方法包括统计分析方法、机器学习方法和神经网络方法等。

在统计分析方法中，聚类分析是基于距离的聚类，如欧氏距离、海明距离等。这种聚类分析方法是一种基于全局比较的聚类，它需要考察所有个体才能决定类的划分。

在机器学习方法中，聚类是无导师的学习。在这里距离是根据概念的描述来确定的，故聚类也称概念聚类，当聚类对象动态增加时，概念聚类则称为概念形成。

在神经网络中，自组织神经网络方法用于聚类，如ART模型、Kohonen模型等，这是一种无监督学习方法。当给定距离阈值后，各样本按阈值进行聚类。

（4）分类

分类是数据挖掘中应用得最多的任务。分类是找出一个类别的概念描述，它代表了这类数据的整体信息，即该类的内涵描述，一般用规则或决策树模式表示。该模式能把数据库中的元组映射到给定类别中的某一个。

类的内涵描述分为：特征描述和辨别性描述。

特征描述是对类中对象的共同特征的描述。辨别性描述是对两个或多个类之间的区别的描述。特征描述允许不同类中具有共同特征，而辨别性描述中不同类不能有相同特征。其中，辨别性描述用得更多。

分类是利用训练样本集（已知数据库元组和类别所组成的样本），通过有关算法求得。

建立分类决策树的方法，典型的有 ID3、C4.5、IBLE 等方法。建立分类规则的方法，典型的有 AQ 方法、粗集方法、遗传分类器等。

在数据库中，往往存在噪声数据（错误数据）、缺损值和疏密不均匀等问题，它们对分类算法获取的知识产生不良的影响。

（5）偏差检测

数据库中的数据存在很多异常情况，从数据分析中发现这些异常情况也是很重要的。偏差包括很多有用的知识，如分类中的反常实例、模式的例外、观察结果对模型预测的偏差、量值随时间的变化。

偏差检测的基本方法是寻找观察结果与参照之间的差别。观察结果常常是某一个域的值或多个域值的汇总。参照即给定模型的预测、外界提供的标准或另一个观察结果。

（6）预测

预测是利用历史数据找出变化规律，建立模型，并用此模型来预测未来数据的种类、特征等。

典型的方法是回归分析，即利用大量的历史数据，以时间为变量建立线性或非线性回归方程。预测时，只要输入任意的时间值，通过回归方程就可求出该时间的状态。

神经网络方法如 BP 模型，实现了非线性样本的学习，能进行非线性函数的判别。

分类也能进行预测，但分类一般用于离散数值；回归预测用于连续数值；神经网络方法预测既可以用于连续数值，也可以用于离散数值。

8.3.3 数据挖掘对象

数据挖掘的对象主要是关系数据库，这是典型的结构化数据。随着技术的发展，数据挖掘对象逐步扩大到半结构化或非结构化数据，这主要是指文本数据、图像和视频数据，以及 Web 数据等。

（1）关系数据库

我们建立的数据库主要是关系数据库。数据挖掘方法也主要是研究数据库中属性之间的关系，挖掘出多个属性取值之间的规则。关系数据库的特点促使了数据挖掘方法的改善，其特点如下。

1）数据动态性。数据的动态变化是数据库的一个主要特点。由于数据的存取和修改，数据的内容经常发生变化，这就要求数据挖掘方法能适应这种变化。渐增式数据挖掘方法就是针对数据变化的，挖掘的规则知识能满足变化后的数据库内容。

2）数据不完整性。数据的不完整性主要反映在数据库中记录的域值丢失或不存在（空值）。这种不完整数据给数据挖掘带来了困难。为此，必须对数据进行预处理，填补该数据域的可能值。

3）数据噪声。由于数据录入等原因，造成错误的数据，即数据噪声。含噪声的数据挖掘会影响抽取模式的准确性，并增加了数据挖掘的困难度。在数据挖掘中要考虑噪声的影响，利用概率方法排除这些噪声。

4）数据冗余性。数据冗余性表现为同一信息在多处重复出现。函数依赖是一个通常的冗余形式。冗余信息可能造成错误的数据挖掘，至少有些挖掘的知识是用户不感兴趣的。为避免这种情况的发生，数据挖掘时需要知道数据库中有哪些固有的依赖关系。

5）数据稀疏性。数据稀疏性表现为实例空间中数据稀疏，数据稀疏会使数据挖掘丢失有用的模式。

6）海量数据。数据库中的数据在不断增长，针对海量数据库，数据挖掘方法需要逐步适应这种海量数据挖掘，如建立有效的索引机制和快速查询方法等。

（2）文本

文本是以文字串形式表示的数据文件。文本分析包括关键词或特征提取、相似检索、文本聚类和文本分类等。

1）关键词或特征提取。在一篇文本中，标题是该文本的高度概括。标题中的关键词是标题的核心内容。关键词的提取对于掌握该文本的内容至关重要。

文本中的特征如人名、地名、组织名等，是某些文本中的主体信息，特征提取对掌握该文本的内容很重要。

2）相似检索。文本中关键词的相似检索是了解文本内容的一种重要方法。例如“专家系统”与“人工智能”两个关键词是有一定联系的。研究专家系统的文本一定属于人工智能的研究领域。

3）文本聚类。对于文本标题中关键词（主题字）的相似匹配是对文本聚类的一种简单方法。定义关键词的相似度，将便于文本的简单聚类，类中文本满足关键词的相似度，类间文本的关键词高于相似度。

4）文本分类。将文本分类到各文本类中，一般需要采用一个算法。这些算法包括分类器算法、近邻算法等，这需要按文本中的关键字或特征的相似度来区分。

（3）图像与视频数据

图像和视频数据是典型多媒体数据。数据以点阵信息及帧的形式存储，数据量很大。图像与视频的数据挖掘包括图像与视频特征提取、基于内容的相似检索、视频镜头的编辑与组织等。

1）图像与视频特征提取。图像与视频数据特征有颜色、纹理和形状等。这些特征提取可用于基于内容的相似检索。如海水蓝色、海滩黄色、房屋的形状及颜色等需要从大量图像和视频数据中提取。

2）基于内容的相似检索。根据图像、视频特征的分布、比例等进行基于内容的相似检索，可以将图像和视频数据进行聚类以及分类，也能完成对新图像或视频的识别。如对遥感图像或视频的识别，这种应用非常广泛，如森林火灾的发现与报警、河流水灾的预报等。

3）视频镜头的编辑与组织。镜头代表一段连续动作（视频数据流）。典型的镜头编辑如足球赛的射门、某段新闻节目等，需要在冗长的视频数据流中进行自动裁取。

经过编辑的镜头，按某种需要重新组织，将形成特定需求的新视频节目，如足球射门集锦、某个新闻事件的连续报道等。

（4）Web 数据

随着 Internet 的发展和普及，网站数目迅速增长，以及入网人员剧烈增多，使网络可提供的数据量呈指数增长。Web 数据挖掘的特点有：

1）异构数据集成和挖掘。Web 上每一个站点是一个数据源，各数据源都是异构的，形成了一个巨大的异构数据库环境。将这些站点的异构数据进行集成，给用户提供一个统一的视图，才能在 Web 上进行数据挖掘。

2）半结构化数据模型抽取。Web 上的数据非常复杂，没有特定的模型描述。虽然每个站点上的数据是结构化的，但各自的设计对于整个网络而言，却是一个非完全结构化的数据，称为半结构化数据。

对半结构化数据模型的查询和集成，需要寻找一种半结构化模型抽取技术来自动抽取各站点的数据。

XML 是一种半结构化的数据模型，容易实现 Web 中的信息共享与交换。

Net Perceotian 公司采用了“实时建议”技术，能够根据用户以往的浏览行为来预测该用户以后的浏览行为，从而为用户提供个性化的浏览建议。

8.3.4　数据挖掘的方法和技术

数据挖掘方法由人工智能、机器学习的方法发展而来，结合了传统的统计分析方法、模糊数学方法以及科学计算、可视化技术，以数据库为研究对象。数据挖掘的方法和技术分类如下。

（1）归纳学习方法

归纳学习方法分为两大类：信息论方法（也称为决策树方法）和集合论方法。每类方法又包含多个具体方法。

信息论方法是利用信息论的原理建立决策树。由于该方法最后获得的知识表示形式是决策树，故一般文献中称它为决策树方法。该类方法的实用效果好，影响较大。信息论方法中较有特色的方法有 ID3、IBLE 等。

集合论方法是开展较早的方法，包括覆盖正例排斥反例的方法（典型的方法是 AQ 系列方法）、概念树方法和粗糙集（rough set）方法。

（2）仿生物技术

仿生物技术典型的方法是神经网络和遗传算法，这两类方法已经形成了独立的研究体系。

神经网络方法模拟了人脑神经元结构，以 MP 模型和 Hebb 学习规则为基础，建立了三大类神经网络模型，包括前馈式网络、反馈式网络和自组织网络。

神经网络的知识体现在网络联结的权值上，是一个分布式矩阵结构。神经网络的学习体现在神经网络权值的逐步计算上（包括反复迭代或者累加计算）。

遗传算法是模拟生物进化过程的算法，包括 3 个基本算子。

1）选择算子是从一个旧种群（父代）选择出生命力强的个体产生新种群（后代）的过程。

2）交叉算子是选择两个不同个体（染色体）的部分（基因）来进行交换，形成新个体。

3）变异算子是对某些个体的某些基因进行变异（1 变 0，0 变 1）。

遗传算法起到产生优良后代的作用。这些后代需要满足适应值，经过若干代的遗传，可得到满足要求的后代（问题的解）。

（3）公式发现

在工程和可信数据库中，对若干数据项（变量）进行一定的数学运算，可求得相应的数学公式。如物理定理发现系统 BACON，其基本思想是对数据项进行初等数学运算（加、减、乘、除等）并形成组合数据项，若它的值为常数项，则得到了组合数据项等于常数的公式。

（4）统计分析方法

利用统计学原理对数据库中的数据进行分析，能得到各种不同的统计信息和知识，统计分析是一门独立学科，也作为数据挖掘的一大类方法。常用的统计分析方法有：求相关系数来度量变量间相关程度的相关分析法；求回归方程来表示变量间数量关系的回归分析法；从样本统计量的值得出差异，来确定总体参数之间是否存在差异的差异分析法等。

（5）模糊数学方法

模糊性是客观的存在。根据 Zadeh 总结的互克性原理，当系统的复杂性愈高，其精确化能力便愈低，这就意味着模糊性愈强。

利用模糊集合理论进行数据挖掘的方法有模糊模式识别、模糊聚类、模糊分类和模糊关联规则等。

8.4 特征提取技术

8.4.1 模式识别

模式识别诞生于 20 世纪初期，随着计算机的出现和人工智能的兴起，模式识别于

60年代迅速发展成一门学科。它所研究的理论和方法在很多学科和技术领域中得到了广泛的重视，推动了人工智能系统的发展，扩大了计算机应用的可能性。

模式识别系统有两种基本的模式识别方法，即统计模式识别方法和结构（句法）模式识别方法。每个模式识别系统都是由设计和实现两个过程组成，其中设计是指用一定数量的样本进行分类器的设计，而实现是指用所设计的分类器对待识别的样本进行分类决策。基于统计方法的模式识别系统主要由四个部分组成：数据获取、预处理、特征提取和选择、分类决策，如图8-3所示。

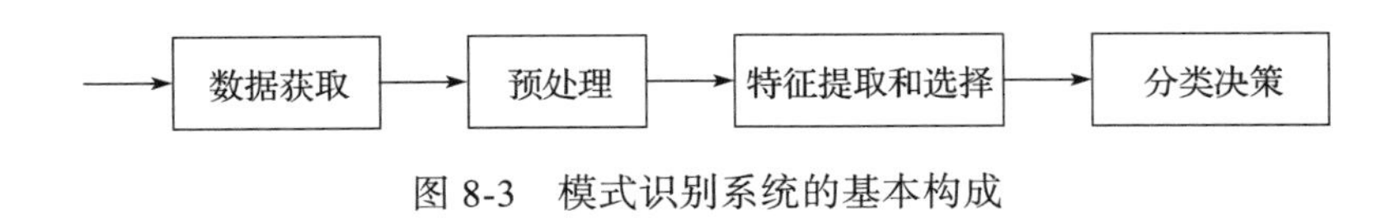

图8-3 模式识别系统的基本构成

数据获取：为了使计算机能够对各种现象进行分类识别，要用计算机可以识别的符号来标识所研究的对象。输入对象的信息一般可以分为下列三类：

1）二维图像，如文字、指纹、地图、照片等。

2）一维波形，如脑电图、心电图、机械振动波形等。

3）物理参量和逻辑值。

通过测量、采样和量化，可以用矩阵或向量表示二维图像或一维波形，这就是数据获取的过程。

预处理：去除噪声，加强有用的信息，并对输入测量仪器或其他因素造成的退化现象进行复原。

特征提取：由于图像或波形所获得的数据量非常大，为了有效地实现分类识别，需要对原始数据进行编号，得到最能反映分类本质的特征。这就是特征提取。

分类决策：就是在特征空间中用统计方法把被识别对象归为某一类别。基本做法是在样本训练集基础上确定某个判别规则，使按照这种判别规则对被识别对象进行分类所造成的错误识别率最小或引起的损失最小。

8.4.2 特征提取的概念

特征提取通常处于对象特征数据采集和分类识别两个环节之间，其方法的优劣极大地影响着分类器的设计和性能。

（1）原始特征

根据被识别的对象产生一组基本特征，它可以是计算出来的（当识别对象是波形或数字图像时），也可以是用仪表或传感器测量出来的（当识别对象是实物或某种过程时），这样产生出来的特征叫做原始特征。

（2）特征的提取

原始特征的数量可能很大，或样本处于一个高维空间中，通过映射（或变换）的方法可以用低维空间来表示样本，这个过程叫特征提取。映射后的特征叫二次特征，它们是原始特征的某种组合（通常为线性组合）。特征提取在广义上就是指一种变换。若 Y 是测量空间，X 是特征空间，则变换 $A{:}Y \to X$ 就是特征提取器。

（3）特征的选择

从一组特征中挑选出一些最有效的特征以达到降低特征空间维数的目的，这个过程称为特征选择。它与特征的提取并不是截然分开的：可以先将原始特征空间映射到维数较低的空间，在这个空间中再进行特征选择，以进一步降低维数；也可以先经过选择去掉那些明显没有分类信息的特征，再进行映射，以降低维数。

（4）类别可分离性判别

类别可分离性判别不属于特征提取的概念。特征提取的任务是求出一组对分类最有效的特征，然后利用这些特征进行随后的分类。因此，需要一个定量的准则或判据来衡量分类的有效性，这就是类别可分离性判别。具体来说，把一个高维空间变换为低维空间的映射有多种，哪种映射对分类最有利，需要确定一个标准。

8.4.3 特征提取的方法

不同的特征提取方法适合不同的数据集，具有不同的性质，在实际的应用中应根据具体的问题来选择合适的特征提取方法。常用的方法有主分量分析、Fisher 线性判别分析及基于熵的方法。

（1）主分量分析（PCA）

主分量分析又称为有限离散 K-L 变换或霍特林（Hotelling）变换，是统计学中用来分析数据的一种方法。它的原理就是将高维向量通过一个特殊的特征向量矩阵映射到低维的向量空间中，表征为低维向量，并仅损失一些次要信息。也就是说，通过低维表征的向量和这个特征向量矩阵，可以重构出所对应的原高维向量。其在特征提取、数据压缩等方面都有着极其重要的作用。

（2）Fisher 线性判别分析（FLDA）

Fisher 线性判别分析也是统计模式识别方法之一，它通过将高维点向低维空间点的投影来提取特征，或者说在高维空间找一组判别面，将空间划分为若干个子空间。

PCA 和 FLDA 都是统计模式识别的特征提取方法，但二者有明显的不同：PCA 是通过求得散布矩阵的特征向量来获得样本投影空间的方法，其特征空间具有良好的表现能力，可用于数据的压缩、数据的恢复等。而 FLDA 则是通过判别函数获得投影空间的，其主要目的是利用样本类内、类间的信息对模式的分类，求得的特征空间是具有良好辨别能力的。

（3）基于熵的方法

熵准则可以用来进行特征提取。基于熵的特征提取方法有很多。在 FLDA 方法中，样本在新的空间坐标系中类内距离越小越好，类间距离越大越好，所采用的判别函数是类内散布矩阵。但在某种情况下，两类的中心相同，这时不能使用类间的散布矩阵，只能从某个分量的方差提取识别信息。

如果两类的某分量均值相同，但方差不同，这个分量也能提供一定的识别信息，因为两类该分量的概率密度不能处处相等。对于均值相等而方差不等的情况，可以用熵准则来表示特征分量的判别能力。

8.5　态势预测技术

8.5.1　态势感知模型

安全态势感知根据出发点和需求的不同会得出不同的结果，具有很大主观性和多样性。例如，对于安全管理员，主要关心入侵的识别和漏洞的修复；对于政府机关和军事单位来说，保密性是最重要的；对银行部门来说，完整性是至关重要的；对于通信和视频服务的行业，则最关心可用性。因此安全态势感知不能只用单一的数值来描述安全情况，应该根据不同应用需求、不同网络规模分别处理。

安全态势感知是指，通过分析安全要素，评估安全状况，预测其变化趋势，以可视化的方式展示给用户，并给出相应的应对措施和报表。

安全态势感知的过程分为四步，如图 8-4 所示。

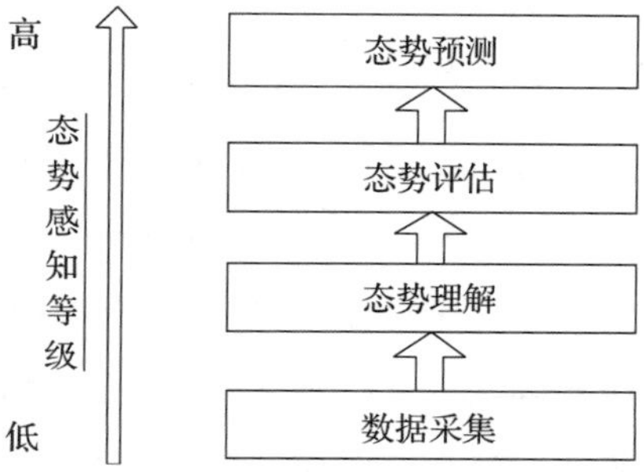

1）数据采集：通过各种检测工具，对影响完全的所有要素信息进行采集。数据采集是态势感知的前提。

2）态势理解：对各种安全要素数据进行处理，分析影响安全的事件。态势理解是态势感知的基础。

3）态势评估：定性定量分析当前的安全状态和薄弱环节，并给出相应的解决方案。态势评估是态势感知的核心。

图 8-4　安全态势感知概念模型

4）态势预测：预测安全状况的发展趋势。态势预测是态势感知的目标。

安全态势感知结果要做到深度和广度兼备，满足多种用户需求。态势感知从多层次、多角度、多粒度分析系统的安全性和提供应对措施，以图、表和安全报表的形式展现给用户。态势感知结果主要包括资产评估、威胁评估、脆弱性评估、安全事件评估、整体安全状态评估、安全趋势预测、加固方案和报表生成八个部分。

1）资产评估：评估网络信息系统中每个资产的性能状况和安全状况，包括资产的性能利用率、重要性、存在的威胁和脆弱性的数量、安全状况等。

2）威胁评估：评估恶意代码和入侵的类型、数量、分布节点和危害等级等。

3）脆弱性评估：评估漏洞和管理配置脆弱性的类型、数量、分布节点和危害等级等。

4）安全事件评估：评估安全事件的类型、数量、分布节点和危害等级等。

5）整体安全状态评估：综合分析整体的安全状态，给出整体的安全态势值，包括整体安全态势的保密性、完整性和可用性分量及其综合态势值。

6）安全趋势预测：预测威胁数量、脆弱性数量、安全事件数量和整体态势的发展趋势。

7）加固方案：分析危害最大的威胁、脆弱性和安全事件，并给出相应的解决办法。

8）报表生成：根据不同的应用需求，生成不同的安全报表。安全报表应格式规范、内容翔实、针对性强。

8.5.2　态势感知体系框架

在态势感知理论和风险评估实践工作基础上，依据国家相关标准规范，研究态势感知的定性与定量方法，构建态势感知技术框架和模型。

安全态势感知技术框架的设计，以安全态势感知流程为主线，突出理解、评估、预测三个关键节点，以安全事件的识别和威胁传播网络的建立为牵引，以基于隐马尔可夫模型的态势评估技术、基于马尔可夫博弈模型的态势评估技术、基于对数加权分析的态势评估技术、基于时间序列分析的态势预测技术为支撑，最终实现安全态势评估和预测的目标。如图 8-5 所示。

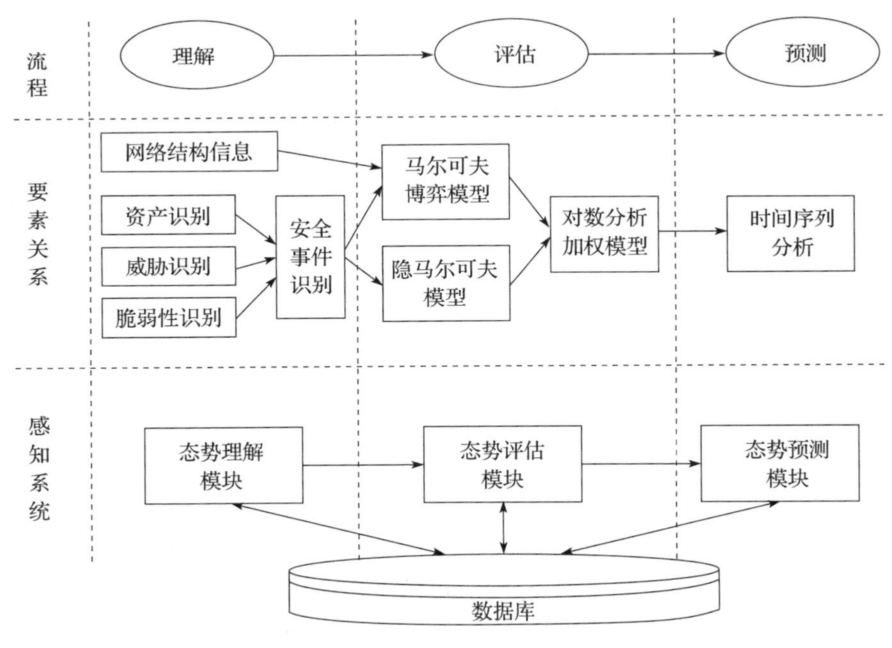

图 8-5　安全态势感知体系框架

态势理解部分是态势感知的基础，首先对大量原始安全数据进行数据级的融合，得到规范化的数据集合；然后采用关联分析的方法分析数据之间的关系，得到安全事件信息和威胁传播网络，为态势评估做准备。

态势评估部分是态势感知的核心，采用多层次、多角度的评估框架，从专题、要素和整体三个层次来进行。专题层次从资产评估、威胁评估、脆弱性评估、安全事件评估三个角度进行；要素层次从保密性评估、完整性评估、可用性评估三个角度进行，每一个角度又从不同粒度对网络的安全状况进行评估，并提供相应的加固方案。

8.5.3 态势感知相关核心概念

下面对态势感知过程所要用到的一些核心概念给予定义。

资产：指网络信息系统中有价值的信息或资源，是安全技术保护的对象，包括数据、软件、硬件、服务等。

保密性：资产被未信任的主体非法窃取的程度。

完整性：资产被未信任的主体非法篡改的程度。

可用性：资产被信任的主体合法使用而不被拒绝的程度。

资产的价值是资产最根本的属性，描述资产在保密性、完整性和可用性三个安全属性方面达成的程度，在此用资产被成功入侵后对网络信息系统的保密性、完整性和可用性造成的影响来衡量。

链路：连接资产的通信链路的抽象，是通信链路的一种形式化表征。

网络：网络信息系统中所有资产和链路的整体。

威胁：对网络信息系统造成安全事故的起因，是对网络造成安全损害的外因。

脆弱性：网络信息系统中可以被威胁利用的薄弱环节，是对网络造成安全损害的内因。

安全事件：对网络信息系统造成安全损害的直接原因，威胁、利用脆弱性会引起安全事件的发生。

8.5.4 安全态势理解技术

态势理解的目的是对多种数据源输入的异构安全数据进行信息融合，是态势感知的基础，为态势评估做准备。

随着数据规模的不断扩大和安全问题的日益增多，当前的网络信息系统一般都部署了多种安全检测设备。态势感知所依据的数据来源于这些部署在不同位置的检测设备，可以是IDS防火墙和系统的报警日志，也可以是恶意代码检测系统、漏洞扫描系统和渗透测试系统的检测结果。由于不同检测设备的检测方法和输出结果不同，造成这些数据在格式上有较大的差异，并且有些安全检测设备的输出结果庞大，比如IDS报警日志常常出现GB量级的数据量。为了将这些检测结果应用到态势感知中，必须对这些大量的异构的安全数据进行处理。态势理解作为态势感知过程的第一步，就是采用关联分析技术对海量异构安全数据进行处理，得到规范化的数据，为态势评估提供支持。

关联分析是一种数据融合技术，研究数据之间的相互关系，用于对多源数据进行联合、相关和组合，用于获取高质量的信息，常用的方法有分类分析、聚类分析、前后关联和交叉关联。关联分析技术在入侵检测领域是一个很重要的研究方向，用于对整个网络的安全事件的融合与关联，实现安全事件的集中管理，减少重复报警，降低漏报率和误报率，发现高层攻击策略。Maines等人通过实验的方法对五个采用报警信息关联分析技术的IDS进行比较，发现这些系统与单独IS相比，整体检测性能有很大的提高，并且有的系统能对攻击进行多步关联，有的系统能够对报警信息实时关联，有效减少了报警数量。由于序列之间的关系非常复杂，所以很多关联分析技术只能对具有很强因果关系，并且位置上相近的序列进行短期关联，对一些长期的序列聚合和关联技术还在研究阶段，并且很多关联方法还不能处理异类IDS报警之间的关联。

为了保证态势感知的结果准确而全面，应最大限度地保证数据的完整性，需要对所有检测设备得到的原始数据进行分析，因此处理的数据量大，如果采取较为复杂的关联技术，处理时间较长，系统的实时性较差。为了满足系统实时性的要求，态势理解过程首先采用简单的数据级融合，然后分析融合后数据的相关性，具体处理过程如下：

1）分析原始安全数据，将安全数据归类为资产数据、威胁数据、脆弱性数据和网络结构数据，不考虑数据类之间的关系。

2）去除重复冗余信息，合并同类信息，修正错误信息，得到规范化的资产数据集、威胁数据集、脆弱性数据集和网络结构数据集。

3）将资产、威胁和脆弱性相关联，综合分析得到安全事件数据集。

4）将资产、威胁、脆弱性和网络结构相关联，综合分析得到每个威胁的威胁传播网络。

8.6　可视化技术

在大数据时代，我们不仅处理着海量数据，同时也加工、传播和分享着它们。大数据可视化是正确理解数据信息的方法，使得数据更加可信。

8.6.1　数据可视化与大数据可视化

数据可视化是关于数据的视觉表现形式的科学技术研究。这种数据的视觉表现形式被定义为一种以某种概要形式抽取出来的信息，包括相应信息单位的各种属性和变量。

常见的柱状图、饼图、直方图、散点图等都是最原始的统计图表，是数据可视化最基础、最常用的应用。统计图表可以帮助人们快速地认识数据。但是，这些原始统计图表只能呈现基本的信息。当面对复杂或大规模结构化、半结构化和非结构化数据时，数据可视化的流程要复杂得多，具体的流程如图 8-6 所示。

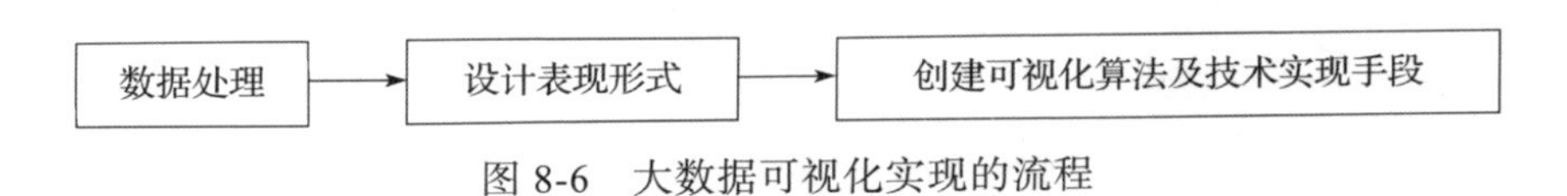

图 8-6　大数据可视化实现的流程

其具体描述是：首先要经历包括数据采集、数据分析、数据管理、数据挖掘在内的一系列复杂数据处理；然后由设计师设计一种表现形式，如立体的、二维的、动态的、实时的或者交互的；最终由工程师创建对应的可视化算法及技术实现手段，包括建模方法、处理大规模数据的体系结构、交互技术等。

一个大数据可视化作品或项目的创建，需要多领域专业人士的协同工作才能取得成功。所以，大数据可视化是数据量更加庞大、结构更加复杂的数据可视化。

数据可视化与大数据可视化的区别如表 8-2 所示。

表 8-2　数据可视化与大数据可视化的区别

项目	大数据可视化	数据可视化
数据类型	结构化、半结构化、非结构化	结构化
表现形式	多种形式	主要是统计图表
实现手段	各种技术方法、工具	各种技术方法、工具
结果	发现数据中蕴含的规律、特征	注重数据及其结构关系

8.6.2 大数据可视化具体工作

大数据可视化工作包括但不限于以下8个方面。

（1）数据的可视化

数据可视化的核心是采用可视化元素来表达原始数据，例如在柱状图中，利用柱子的高度反映数据的差异；在饼图中，利用扇形的面积表示数据的分布情况。

（2）指标可视化

在可视化的过程中，采用可视化元素的方式将指标可视化，可更加突出可视化的效果。例如对QQ群大数据资料进行可视化分析中，数据可用各种图形的方式展示。图8-7中显示的是将近100GB的QQ群数据，通过数据可视化，可以把数据作为点和线连接起来，从而更加直观地显示出来以进行分析。其中企鹅图标的节点代表QQ，群图标的节点代表群。每条线代表一个关系，一个QQ可以加入*N*个群，一个群可以有*M*个QQ加入。群主和管理员的关系线比普通的群成员长，突出群内的重要成员的关系。

（3）数据关系的可视化

在数据可视化方式、指标可视化方式确立以后，需要进行数据关系的可视化。一般，这种数据关系是可视化数据核心表达的主题宗旨。

（4）背景数据的可视化

单有原始数据还不够。因为数据没有价值，信息才有价值。例如两个设计师用不同的圆珠笔和字体写“Sample”这个单词，因为不同字体使用墨水量不同，所以每只笔所剩的墨水也不同，于是就产生了如图8-8所示这幅有趣的图。在这幅图中不再需要标注坐标系，因为不同的笔及其墨水含量已经包含了这个信息。

（5）转换成便于接受的形式

数据可视化的功能包括数据的记录、传递和沟通，之前的操作实现了记录和传递，但是沟通还需要优化。这种优化包含按照人的接受模式、习惯和能力，甚至还需要考虑显示设备的能力，然后进行综合改进，才能更好地达到被接受的效果。

（6）聚焦

所谓聚焦就是利用一些可视化手段，把那些需要强化的小部分数据、信息，按照可视化的标准进行再次处理。

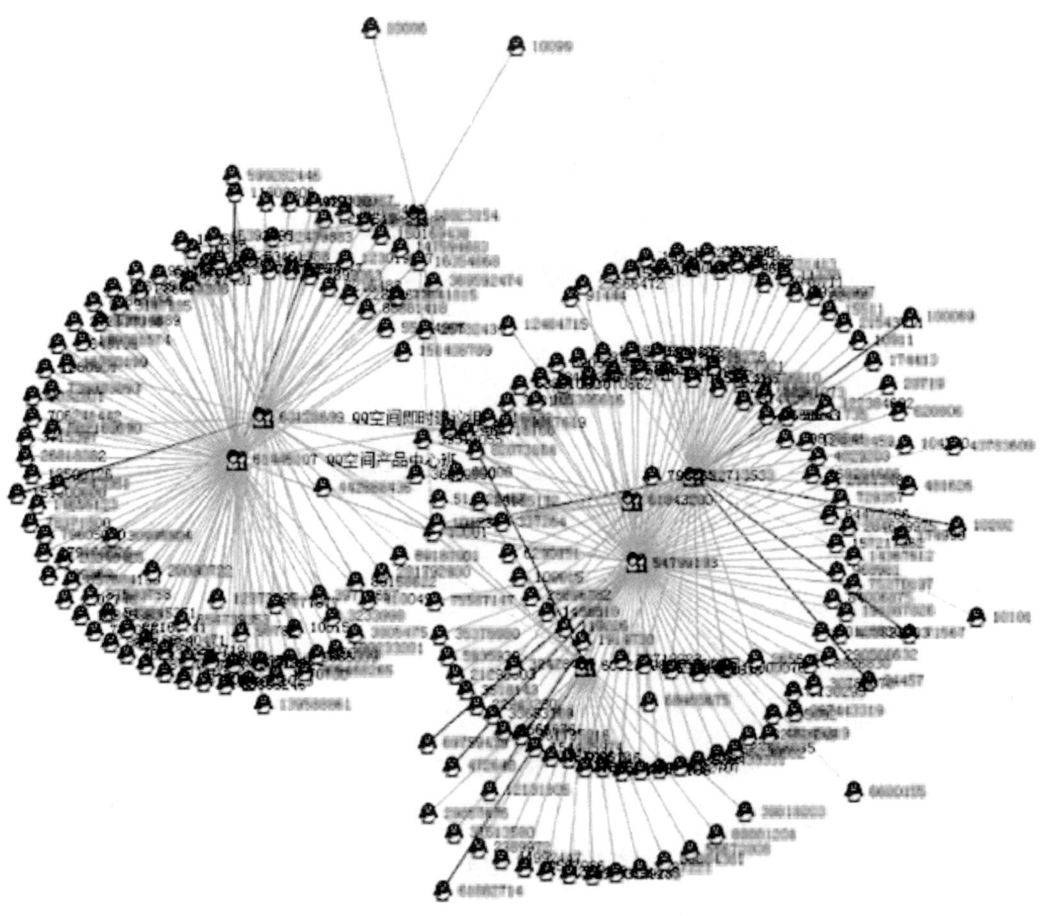

图 8-7　对 QQ 群大数据资料进行可视化分析

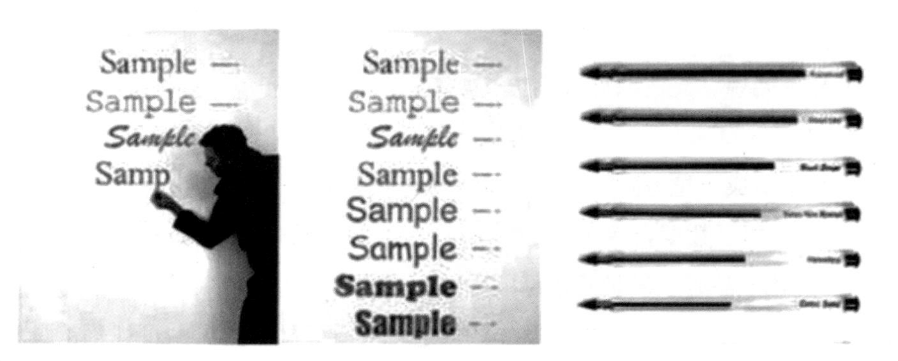

图 8-8　字体测量

在很多时候，大数据对于接收者而言，其中的数据、信息、符号都是超负荷的，可能分辨不出来，这时就需要在原来的可视化结果基础上再进行优化。

（7）扫尾处理

为了让可视化的细节更为精准，更为优美，一般在之前的基础上再进一步加以修饰。典型的工作包括设置标题、说明数据来源、对过长的柱子进行缩略处理、进行表格线的颜色设置，以及各种字体、图素粗细、颜色设置等。

（8）完美的风格化

所谓风格化就是标准化基础上的特色化，如增加组织、个人的 Logo，让人们知道这个可视化产品属于哪个组织、哪个人。真正做到风格化，还有很多不同的操作，如布局、用色、图素，以及常用的图表、信息图形式、数据、信息维度控制和典型的图标，甚至动画的时间、过渡等，从而让接收者赏心悦目，也便于直观地理解。

8.6.3　大数据可视化工具

传统的数据可视化工具仅仅是将数据加以组合，通过不同的展现方式提供给用户，以发现数据之间的关联关系。随着云和大数据时代的来临，我们已经不能满足于使用传统的数据可视化工具来对数据仓库中的数据进行抽取、归纳并简单的展现。大数据可视化工具应具有的特性有：

1）实时性。大数据可视化工具必须适应数据量的爆炸式增长需求，快速地收集和分析数据，并对数据信息进行实时更新。

2）操作简单。大数据可视化工具应满足快速开发、易于操作的特性，能满足互联网时代信息多变的特点。

3）更丰富的展现。大数据可视化工具需要有更丰富的展现方式，能充分满足数据展现的多维度要求。

4）多种数据集成支持方式。大数据的来源不仅仅局限于数据库，大数据可视化工具将支持团队协作数据、数据仓库、文本等多种方式，并能够通过互联网进行展现。

大数据可视化产品必须满足互联网的大数据需求，快速地收集、筛选、分析、归纳、展现决策者所需要的信息，并根据新增的数据进行实时更新。常见的可视化工具如表 8-3 所示。

表 8-3 可视化工具

类别	作用	工具	特点
入门级	对数据进行一些复制和粘贴，直接选择需要的图像类型，然后稍微进行调整即可	Excel	操作简单；快速生成图表；不适合制作专业出版物或网站所需要的数据图
		Google Spreadsheets	Microsoft Excel 的云版本；增加了动态、交互式图表；支持的操作类型更丰富；服务器负载过大时，运行速度变得缓慢
在线工具	网站提供在线的数据可视化工具，为用户提供在线的数据可视化操作	Google Chart API	包含大量图表类型，内置了动画和交互控制，不支持 JavaScript 的设备无法使用
		Flot	线框图标库，开源的 JavaScript 库，操作简单，支持多种浏览器
		D3（Data Driven Documents）	JavaScript 库，提供复杂图表样式
		Visual.ly	提供了大量信息图模板
三维工具	可以设计出 Web 交互式三维动画的产品	Three.js	开源的 JavaScript 3D 引擎，低复杂、轻量级的 3D 库
		PhiloGL	WebGL 开源框架，强大的 API
专家级工具	专业的数据分析	R	一套完整的数据处理、计算和制图软件系统
		Weka	基于 Java 环境下开源的机器学习及数据挖掘软件
		Gephi	开源工具，能处理大规模数据集，能对数据进行清洗和分类

8.7 小结

本章主要分析了安全态势感知平台面临的挑战，介绍了安全态势感知的研究进展，分别讨论了安全态势感知过程中的主要技术，包括数据融合技术、数据挖掘技术、特征提取技术、态势预测技术和可视化技术。

习题 8

1. 分析安全态势感知平台的研究背景。
2. 说明大数据安全平台面临哪些挑战。
3. 查阅资料，补充说明安全态势感知的最新研究进展。
4. 分析说明安全态势感知的关键技术。
5. 什么叫数据融合？说明数据融合的基本原理。

6. 为什么要进行数据挖掘？分析说明数据挖掘的过程。
7. 举例说明数据挖掘常用的方法。
8. 分析说明模式识别系统的基本构成。
9. 常用的特征提取方法有哪些？试比较这些特征提取方法之间的异同。
10. 分析说明安全态势感知的过程。
11. 分析说明感知体系框架的内容。
12. 什么叫数据可视化？大数据可视化有哪些新的特点？
13. 大数据可视化工作包括哪些内容？
14. 大数据可视化工具有哪些？试比较这些可视化工具的优劣。

第9章

网络安全等级保护中的大数据

网络安全是通过采取必要措施，防范对网络的攻击、侵入、干扰、破坏和非法使用以及意外事故，使网络处于稳定可靠运行的状态，保障网络数据的完整性、保密性、可用性的能力。随着等级保护新标准的实施，大数据正式纳入了网络安全等级保护的范围。

9.1 网络安全等级保护制度

《信息安全技术　信息系统安全等级保护基本要求》（GB/T 22239—2008，简称为“等保 1.0”标准）在我国推行信息安全等级保护制度的过程中起到了非常重要的作用，被广泛应用于各个行业或领域，指导用户开展信息系统安全等级保护的建设整改、等级测评等工作。随着信息技术的发展，“等保 1.0”标准在时效性、易用性、可操作性上需要进一步完善。2017 年《中华人民共和国网络安全法》实施，为了配合国家落实“网络安全等级保护制度”，需要修订原来的“等保 1.0”标准。

9.1.1 网络安全等级保护 2.0 的新变化

网络安全等级保护制度是国家网络安全领域的基本国策、基本制度和基本方法。《信息安全技术　网络安全等级保护基本要求》（GB/T 22239—2019，简称为“等保 2.0”标准）是在“等保 1.0”标准的基础上，注重全方位主动防御、动态防御、整体防控和精准防护，实现对云计算、大数据、物联网、移动互联和工业控制信息系统等保护对象全覆盖，以及除个人及家庭自建网络之外的领域全覆盖。

“等保 2.0”标准的发布对加强我国网络安全保障工作，提升网络安全保护能力具有重要意义，其在总体结构方面的主要变化有：

1）为适应网络安全法，配合落实“网络安全等级保护制度”，标准的名称由原来的“信息系统安全等级保护基本要求”更改为“网络安全等级保护基本要求”。

2）等保对象除将原来的信息系统调整为基础信息网络外，把“大数据应用/平台/资源”首次纳入等保对象；另外，还包括信息系统（含采用移动互联技术的系统）、云计算平台/系统、物联网和工业控制系统等。

3）将原来各个级别的安全要求分为安全通用要求和安全扩展要求。安全通用要求是各种形态等级保护对象都必须满足的要求。针对云计算、移动互联、物联网和工业控制系统提出的特殊要求，称为安全扩展要求。

4）将原来基本要求中各级技术要求的“物理安全”“网络安全”“主机安全”“应用安全”和“数据安全和备份与恢复”修订为“安全物理环境”“安全通信网络”“安全区域边界”“安全计算环境”以及“安全管理中心”；将原各级管理要求的“安全管理制度”“安全管理机构”“人员安全管理”“系统建设管理”和“系统运维管理”修订为“安全管理制度”“安全管理机构”“安全管理人员”“安全建设管理”和“安全运维管理”。

5）针对云计算环境、移动互联、物联网、工业控制系统的特点，分别提出了云计算安全扩展要求、移动互联安全扩展要求、物联网安全扩展要求和工业控制系统安全扩展要求。

6）取消了原来控制点的S、A、G标注，增加附录A“关于安全通用要求和安全扩展要求的选择和使用”，描述等级保护对象的定级结果和安全要求之间的关系，说明如何根据定级的S、A结果选择安全要求的相关条款，简化了标准正文部分的内容。

7）增加附录C（描述等级保护安全框架和关键技术）、附录D（描述云计算应用场景）、附录E（描述移动互联应用场景）、附录F（描述物联网应用场景）、附录G（描述工业控制系统应用场景）、附录H（描述大数据应用场景）。

网络安全等级保护2.0具有以下三个新特点：

1）等级保护的基本要求、测评要求和设计技术要求框架统一，即安全管理中心支持下的三重防护结构框架。

2）通用安全要求+新型应用安全扩展要求，将云计算、移动互联、物联网、工业控制系统等列入标准规范。

3）把可信验证列入各级别和各环节的主要功能要求。

基于此，在网络安全等级保护 2.0 时代，应重点对云计算、移动互联、物联网、工业控制以及大数据等进行全面安全防护，确保关键信息基础设施安全。

本章重点分析网络安全等级保护工作中的大数据安全问题。

9.1.2 网络安全等级保护的通用要求

安全通用要求针对共性化保护需求提出，等级保护对象无论以何种形式出现，应根据安全保护等级实现相应级别的安全通用要求。安全通用要求分为以下 10 个方面。

1. 安全物理环境

安全物理环境部分针对物理机房提出安全控制要求，主要对象为物理环境、物理设备和物理设施等，涉及物理位置的选择、物理访问控制、防盗窃和防破坏、防雷击、防火、防水和防潮、防静电、温湿度控制、电力供应和电磁防护等 10 个安全控制点。

承载高级别系统的机房强化了物理访问、电力供应和电磁防护等方面的要求，如“重要区域应配置第二道电子门禁系统”“应提供应急供电设施”“应对关键区域实施电磁屏蔽”等。

一般地，对于保护等级越高的系统，相应控制点的要求项也会增加、增强。安全物理环境控制点的要求项随保护等级变化情况如表 9-1 所示。

表 9-1 安全物理环境控制点 / 要求项的逐级变化

序号	控制点	一级	二级	三级	四级
1	物理位置的选择	0	2	2	2
2	物理访问控制	1	1	1	2
3	防盗窃和防破坏	1	2	3	3
4	防雷击	1	1	2	2
5	防火	1	2	3	3
6	防水和防潮	1	2	3	3
7	防静电	0	1	2	2
8	温湿度控制	1	1	1	1
9	电力供应	1	2	3	4
10	电磁防护	0	1	2	2

2. 安全通信网络

安全通用要求的安全通信网络部分针对通信网络提出安全控制要求，主要对象为广域网、城域网和局域网等，涉及包括网络架构、通信传输和可信验证等3个安全控制点。

高级别系统的通信网络强化了优先带宽分配、设备接入认证、通信设备认证等方面的要求，如“应可按照业务服务的重要程度分配带宽，优先保障重要业务”“应采用可信验证机制对接入到网络中的设备进行可信验证，保证接入网络的设备真实可信”“应在通信前基于密码技术对通信的双方进行验证或认证”等。

表9-2表明了安全通信网络在控制点/要求项上逐级变化的特点。

表9-2　安全通信网络控制点/要求项的逐级变化

序号	控制点	一级	二级	三级	四级
1	网络架构	0	2	5	6
2	通信传输	1	1	2	4
3	可信验证	1	1	1	1

3. 安全区域边界

安全通用要求的安全区域边界部分针对网络边界提出安全控制要求，主要对象为系统边界和区域边界等，涉及边界防护、访问控制、入侵防范、恶意代码防范、安全审计和可信验证等6个安全控制点。

表9-3表明了安全区域边界控制点/要求项上逐级变化的特点。

表9-3　安全区域边界控制点/要求项的逐级变化

序号	控制点	一级	二级	三级	四级
1	边界防护	1	1	4	6
2	访问控制	3	4	5	5
3	入侵防范	0	1	4	4
4	恶意代码防范	0	1	2	2
5	安全审计	0	3	4	3
6	可信验证	1	1	1	1

高级别系统的网络边界强化了高强度隔离和非法接入阻断等方面的要求，如“应在网络边界通过通信协议转换或通信协议隔离等方式进行数据交换”“应能够在发现非授权

设备私自联到内部网络的行为或内部用户非授权联到外部网络的行为时，对其进行有效阻断”等。

4. 安全计算环境

安全通用要求的安全计算环境部分针对边界内部提出安全控制要求，主要对象为边界内部的所有对象，包括网络设备、安全设备、服务器设备、终端设备、应用系统、数据对象和其他设备等，涉及身份鉴别、访问控制、安全审计、入侵防范、恶意代码防范、数据完整性、数据保密性、数据备份与恢复、剩余信息保护、个人信息保护和可信验证等 11 个安全控制点。

表 9-4 表明了安全计算环境控制点 / 要求项上逐级变化的特点。

表 9-4　安全计算环境控制点 / 要求项的逐级变化

序号	控制点	一级	二级	三级	四级
1	身份鉴别	2	3	4	4
2	访问控制	3	4	7	7
3	安全审计	0	3	4	4
4	入侵防范	2	5	6	6
5	恶意代码防范	1	1	1	1
6	可信验证	1	1	1	1
7	数据完整性	1	1	2	3
8	数据保密性	0	0	2	2
9	数据备份与恢复	1	2	3	4
10	剩余信息保护	0	1	2	2
11	个人信息保护	0	2	2	2

高级别系统的计算环境进一步强化了身份鉴别、访问控制和程序完整性等方面的要求，如“应采用口令、密码技术、生物技术等两种或两种以上组合的鉴别技术对用户进行身份鉴别，且其中一种鉴别技术至少应使用密码技术来实现”“应对主体、客体设置安全标记，并依据安全标记和强制访问控制规则确定主体对客体的访问”“应采用主动免疫可信验证机制及时识别入侵和病毒行为，并将其有效阻断”等。

5. 安全管理中心

安全通用要求的安全管理中心部分针对整个系统提出安全管理方面的技术控制要求，

主要对象为管理工具、管理模式和管理手段等，涉及系统管理、审计管理、安全管理和集中管控等 4 个安全控制点。

表 9-5 表明了安全管理中心控制点 / 要求项上逐级变化的特点。

表 9-5　安全管理中心控制点 / 要求项的逐级变化

序号	控制点	一级	二级	三级	四级
1	系统管理	2	2	2	2
2	审计管理	2	2	2	2
3	安全管理	0	2	2	2
4	集中管控	0	0	6	7

高级别系统的安全管理强化了采用技术手段进行集中管控等方面的要求，如“应划分出特定的管理区域，对分布在网络中的安全设备或安全组件进行管控”“应对网络链路、安全设备、网络设备和服务器等的运行状态进行集中监测”“应对分散在各个设备上的审计数据进行收集汇总和集中分析，并保证审计记录的留存时间符合法律法规要求”“应对安全策略、恶意代码、补丁升级等安全相关事项进行集中管理”等。

6. 安全管理制度

安全通用要求的安全管理制度部分针对整个管理制度体系提出安全控制要求，涉及安全策略、管理制度、制定和发布、评审和修订等 4 个安全控制点。

表 9-6 表明了安全管理制度控制点 / 要求项上逐级变化的特点。

表 9-6　安全管理制度控制点 / 要求项的逐级变化

序号	控制点	一级	二级	三级	四级
1	安全策略	0	1	1	1
2	管理制度	1	2	3	3
3	制定和发布	0	2	2	2
4	评审和修订	0	1	1	1

7. 安全管理机构

安全通用要求的安全管理机构部分针对整个管理组织架构提出安全控制要求，涉及岗位设置、人员配备、授权和审批、沟通和合作、审核和检查等 5 个安全控制点。

表 9-7 表明了安全管理机构控制点 / 要求项上逐级变化的特点。

表 9-7 安全管理机构控制点 / 要求项的逐级变化

序号	控制点	一级	二级	三级	四级
1	岗位设置	1	2	3	3
2	人员配备	1	1	2	3
3	授权和审批	1	2	3	3
4	沟通和合作	0	3	3	3
5	审核和检查	0	1	3	3

8. 安全管理人员

安全通用要求的安全管理人员部分针对整个人员管理模式提出安全控制要求，涉及人员录用、人员离岗、安全意识教育和培训、外部人员访问管理等 4 个安全控制点。

表 9-8 表明了安全管理人员控制点 / 要求项上逐级变化的特点。

表 9-8 安全管理人员控制点 / 要求项的逐级变化

序号	控制点	一级	二级	三级	四级
1	人员录用	1	2	3	4
2	人员离岗	1	1	2	2
3	安全意识教育和培训	1	1	3	3
4	外部人员访问管理	1	3	4	5

9. 安全建设管理

安全通用要求的安全建设管理部分针对安全建设过程提出安全控制要求，涉及定级和备案、安全方案设计、安全产品采购和使用、自行软件开发、外包软件开发、工程实施、测试验收、系统交付、等级测评和服务供应商管理等 10 个安全控制点。

表 9-9 表明了安全建设管理控制点 / 要求项上逐级变化的特点。

表 9-9 安全建设管理控制点 / 要求项的逐级变化

序号	控制点	一级	二级	三级	四级
1	定级和备案	1	4	4	4
2	安全方案设计	1	3	3	3
3	安全产品采购和使用	1	2	3	4

（续）

序号	控制点	一级	二级	三级	四级
4	自行软件开发	0	2	7	7
5	外包软件开发	0	2	3	3
6	工程实施	1	2	3	3
7	测试验收	1	2	2	2
8	系统交付	2	3	3	3
9	等级测评	0	3	3	3
10	服务供应商管理	2	2	3	3

10. 安全运维管理

安全通用要求的安全运维管理部分针对安全运维过程提出安全控制要求，涉及环境管理、资产管理、介质管理、设备维护管理、漏洞和风险管理、网络和系统安全管理、恶意代码防范管理、配置管理、密码管理、变更管理、备份与恢复管理、安全事件处置、应急预案管理、外包运维管理等 14 个安全控制点。

表 9-10 表明了安全运维管理控制点 / 要求项上逐级变化的特点。

表 9-10 安全运维管理控制点 / 要求项的逐级变化

序号	控制点	一级	二级	三级	四级
1	环境管理	2	3	3	4
2	资产管理	0	1	3	3
3	介质管理	1	2	2	2
4	设备维护管理	1	2	4	4
5	漏洞和风险管理	1	1	2	2
6	网络和系统安全管理	2	5	10	10
7	恶意代码防范管理	2	3	2	2
8	配置管理	0	1	2	2
9	密码管理	0	2	2	3
10	变更管理	0	1	3	3
11	备份与恢复管理	2	3	3	3
12	安全事件处置	2	3	4	5
13	应急预案管理	0	2	4	5
14	外包运维管理	0	2	4	4

9.1.3 网络安全等级保护的扩展要求

安全扩展要求是采用特定技术或特定的应用场景下的等级保护对象需要增加实现的安全要求。“等保 2.0”标准提出的安全扩展要求包括云计算安全扩展要求、移动互联安全扩展要求、物联网安全扩展要求和工业控制系统安全扩展要求。

1. 云计算安全扩展要求

采用了云计算技术的信息系统，通常称为云计算平台。云计算平台由设施、硬件、资源抽象控制层、虚拟化计算资源、软件平台和应用软件等组成。

云计算平台中通常有云服务商和云服务客户 / 云租户两种角色，根据云服务商提供服务的类型，云计算平台有软件即服务（SaaS）、平台即服务（PaaS）、基础设施即服务（IaaS）三种基本的云计算服务模式。

在不同的服务模式中，云服务商和云服务客户对资源拥有不同的控制范围，控制范围决定了安全责任的边界。

云计算安全扩展要求针对云计算平台提出了安全通用要求之外额外需要实现的安全要求，涉及的控制点包括两部分。一部分是与云计算技术相关的控制点，如基础设施位置、镜像和快照保护、云服务商选择、云计算环境管理等；另一部分是云计算环境下需要增强的控制点，如网络架构、访问控制、入侵防范、安全审计、集中管控、身份鉴别、资源控制、数据安全性、数据备份恢复、剩余信息保护等。

2. 移动互联安全扩展要求

采用移动互联技术的等级保护对象的移动互联部分通常由移动终端、移动应用和无线网络三部分组成。移动终端通过无线通道连接无线接入设备，从而接入有线网络；无线接入网关通过访问控制策略限制移动终端的访问行为；后台的移动终端管理系统（如果配置）负责对移动终端的管理，包括向客户端软件发送移动设备管理、移动应用管理和移动内容管理策略等。

移动互联安全扩展要求主要针对移动终端、移动应用和无线网络部分提出特殊要求，与安全通用要求一起构成对采用移动互联技术的等级保护对象的完整安全要求。移动互联安全扩展要求涉及的控制点主要包括无线接入点的物理位置、无线和有线网络之间的边界防护、移动终端的访问控制、移动终端的入侵防范、移动终端的管控、移动应用管控、移动应用的软件采购、移动应用软件的开发等。

3. 物联网安全扩展要求

物联网通常从架构上可分为三个逻辑层，即感知层、网络传输层和处理应用层。其中感知层包括传感器节点和传感网网关节点，或RFID标签和RFID读写器，也包括这些感知设备及传感网网关、RFID标签与阅读器之间的短距离通信部分；网络传输层包括将这些感知数据远距离传输到处理中心的网络，如互联网、移动网等，以及几种不同网络的融合；处理应用层包括对感知数据进行存储与智能处理的平台，并对业务应用终端提供服务。对大型物联网来说，处理应用层一般由云计算平台和业务应用终端设备构成。

对物联网的安全防护应包括感知层、网络传输层和处理应用层，由于网络传输层和处理应用层通常是由计算机设备构成，这两部分按照安全通用要求提出的要求进行保护，物联网安全扩展要求针对感知层提出特殊安全要求，与安全通用要求一起构成对物联网的完整安全要求。

物联网安全扩展要求涉及的控制点主要包括感知节点的物理防护、感知网的入侵防范、感知网的接入控制、感知节点设备安全、网关节点设备安全、抗数据重放、数据融合处理、感知节点的管理等。

4. 工业控制系统安全扩展要求

工业控制系统（ICS）通常是可用性要求较高的等级保护对象。工业控制系统是各种类型控制系统的总称，包括数据采集与监视控制系统（SCADA）、集散控制系统（DCS）和其他控制系统等。工业控制系统通常用于诸如电力、水和污水处理、石油和天然气、化工、交通运输、制药、纸浆和造纸、食品和饮料以及离散制造等行业。

工业控制系统从上到下一般分为5个层级，依次为企业资源层、生产管理层、过程监控层、现场控制层和现场设备层，不同层级的实时性要求不同。由于定级对象划分的不同，需要保护的工业控制系统对象可能跨越上述5个层级的多个层级。

对工业控制系统的安全防护应包括各个层级，由于企业资源层、生产管理层、过程监控层通常是由计算机设备构成，因此这些层级按照安全通用要求提出的要求进行保护，工业控制系统安全扩展要求主要针对现场控制层和现场设备层提出特殊安全要求，它们与安全通用要求一起构成对工业控制系统的完整安全要求。

工业控制系统安全扩展要求涉及的控制点主要包括室外控制设备防护、拨号使用控制、无线使用控制、控制设备安全等，以及在网络架构、通信传输、访问控制、产品采购和使用、外包软件开发等方面的额外要求。

9.2 大数据应用场景说明

“等保 2.0”标准的附录 H 说明了大数据的应用场景，包括大数据系统的构成和五个级别的可参考安全控制措施，本节以第三级为例说明。

9.2.1 大数据系统构成

采用大数据技术的信息系统称为大数据系统，通常由大数据平台、大数据应用以及处理的数据集合构成。大数据系统的模型如图 9-1 所示。

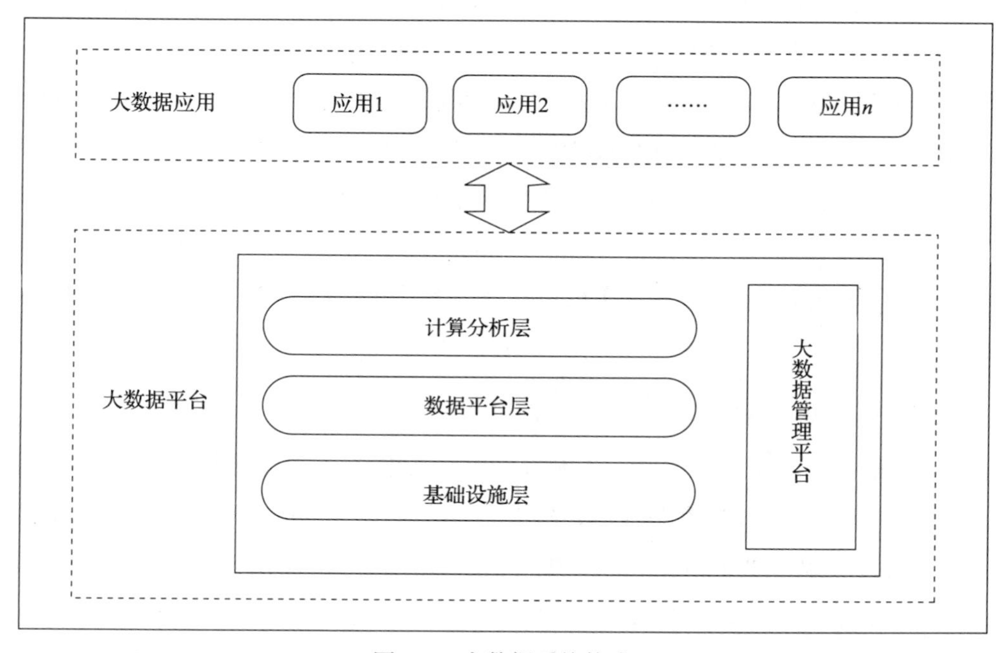

图 9-1 大数据系统构成

大数据系统的特征是数据体量大、种类多、聚合快、价值高，受到破坏、泄露或篡改会对国家安全、社会秩序或公共利益造成影响，大数据安全涉及大数据平台的安全和大数据应用的安全。

大数据应用是基于大数据平台对数据的处理过程，通常包括数据采集、数据存储、数据应用、数据交换和数据销毁等环节，上述各个环节均需要对数据进行保护，通常须考虑的安全控制措施包括数据采集授权、数据真实可信、数据分类标识存储、数据交换完整性、敏感数据保密性、数据备份和恢复、数据输出脱敏处理、敏感数据输出控制以及数据的分级分类销毁机制等。

大数据平台是为大数据应用提供资源和服务的支撑集成环境，包括基础设施层、数据平台层和计算分析层。

9.2.2　网络安全等级保护大数据基本要求

为了更好地适应国家大数据战略要求，满足大数据技术发展带来的安全防护诉求，提升大数据安全保护的能力，增强大数据安全管理力度，2021年4月29日，中关村信息安全测评联盟发布了团体标准《信息安全技术　网络安全等级保护大数据基本要求》（T/ISEAA 002—2021，以下简称“新团标”）。新团标将国标《信息安全技术　网络安全等级保护基本要求》（GB/T 22239—2019）的通用安全保护要求进行了细化和扩展，提出了网络运营者整体应实现的大数据安全保护技术和管理要求。新团标于2021年5月30日开始实施。

本小节以网络安全等级保护大数据第三级为例，分析大数据安全等级保护对象的安全要求。

1. 安全物理环境

安全物理环境层面共包括11个安全控制点，其中的10个安全控制点（物理位置选择、物理访问控制、防盗窃和防破坏、防雷击、防火、防水和防潮、防静电、温湿度控制、电力供应、电磁防护）的安全要求项，与前面通用要求相应的安全要求项分别相同。

针对大数据安全等级保护对象，扩展了1个安全控制点——基础设施位置。基础设施的安全要求为：应保证承载大数据存储、处理和分析的设备机房位于中国境内。

2. 安全通信网络

安全通信网络层面共包括3个安全控制点：网络架构、通信传输和可信验证。其中通信传输和可信验证的安全要求项，与通用要求相应的安全要求项分别相同。

安全通信网络层面的网络架构控制点，扩展了 3 项要求：

1）应保证大数据平台不承载高于其安全保护等级的大数据应用和大数据资源。

2）应保证大数据平台的管理流量与系统业务流量分离。

3）应提供开放接口或开放性安全服务，允许客户接入第三方安全产品或在大数据平台选择第三方安全服务。

3. 安全区域边界

安全区域边界层面共包括 6 个安全控制点：边界防护、访问控制、入侵防范、恶意代码和垃圾邮件防范、安全审计、可信验证。这 6 个安全控制点的各项要求，与通用要求中相应安全控制点的各项要求分别相同。

4. 安全计算环境

安全计算环境层面共包括 12 个安全控制点，其中恶意代码防范、可信验证这两个安全控制点的各项要求，与通用要求相应安全控制点的各项要求分别相同。身份鉴别、访问控制、安全审计、入侵防范、数据完整性、数据保密性、数据备份恢复、剩余信息保护、个人信息保护等 9 个安全控制点，与通用要求的安全控制点相比，安全要求项都有所扩展。另外，还扩展了一个安全控制点——数据溯源。

（1）身份鉴别

安全计算环境层面的身份鉴别控制点，扩展了 4 项要求：

1）大数据平台应提供双向认证功能，能对不同客户的大数据应用、大数据资源进行双向身份鉴别。

2）应采用口令和密码技术组合的鉴别技术对使用数据采集终端、数据导入服务组件、数据导出终端、数据导出服务组件的主体实施身份鉴别。

3）应对向大数据系统提供数据的外部实体实施身份鉴别。

4）大数据系统提供的各类外部调用接口应依据调用主体的操作权限实施相应强度的身份鉴别。

（2）访问控制

安全计算环境层面的访问控制控制点，扩展了 8 项要求：

1）对于对外提供服务的大数据平台，平台或第三方应在服务客户授权下才可以对其数据资源进行访问、使用和管理。

2）大数据系统应提供数据分类分级标识功能。

3）应在数据采集、传输、存储、处理、交换及销毁等各个环节，根据数据分类分级标识对数据进行不同处置，最高等级数据的相关保护措施不低于第三级安全要求，安全保护策略在各环节保持一致。

4）大数据系统应对其提供的各类接口的调用实施访问控制，包括但不限于数据采集、处理、使用、分析、导出、共享、交换等相关操作。

5）应最小化各类接口操作权限。

6）应最小化数据使用、分析、导出、共享、交换的数据集。

7）大数据系统应提供隔离不同客户应用数据资源的能力。

8）应对重要数据的数据流转、泄露和滥用情况进行监控，及时对异常数据操作行为进行预警，并能够对突发的严重异常操作及时定位和阻断。

（3）安全审计

安全计算环境层面的安全审计控制点，扩展了3项要求：

1）大数据系统应保证不同客户的审计数据隔离存放，并提供不同客户审计数据收集汇总和集中分析能力。

2）大数据系统应对其提供的各类接口的调用情况以及各类账号的操作情况进行审计。

3）应保证大数据系统服务商对服务客户数据的操作可被服务客户审计。

（4）入侵防范

安全计算环境层面的入侵防范控制点，扩展了1项要求：应对所有进入系统的数据进行检测，避免出现恶意数据输入。

（5）数据完整性

安全计算环境层面的数据完整性控制点，扩展了2项要求：

1）应采用技术手段对数据交换过程进行数据完整性检测。

2）数据在存储过程中的完整性保护应满足数据提供方系统的安全保护要求。

（6）数据保密性

安全计算环境层面的数据保密性控制点，扩展了5项要求：

1）大数据平台应提供静态脱敏和去标识化的工具或服务组件技术。

2）应依据相关安全策略和数据分类分级标识对数据进行静态脱敏和去标识化处理。

3）数据在存储过程中的保密性保护应满足数据提供方系统的安全保护要求。

4）应采取技术措施保证汇聚大量数据时不暴露敏感信息。

5）可采用多方计算、同态加密等数据隐私计算技术实现数据共享的安全性。

（7）数据备份恢复

安全计算环境层面的数据备份恢复控制点，扩展了 3 项要求：

1）备份数据应采取与原数据一致的安全保护措施。

2）大数据平台应保证用户数据存在若干个可用的副本，各副本之间的内容应保持一致。

3）应提供对关键溯源数据的异地备份。

（8）剩余信息保护

安全计算环境层面的剩余信息保护控制点，扩展了 3 项要求：

1）大数据平台应提供主动迁移功能，数据整体迁移的过程中应杜绝数据残留。

2）应基于数据分类分级保护策略，明确数据销毁要求和方式。

3）大数据平台应能够根据服务客户提出的数据销毁要求和方式实施数据销毁。

（9）个人信息保护

安全计算环境层面的个人信息保护控制点，扩展了 4 项要求：

1）采集、处理、使用、转让、共享、披露个人信息应在个人信息处理的授权同意范围内，并保留操作审计记录。

2）应采取措施防止在数据处理、使用、分析、导出、共享、交换等过程中识别出个人身份信息。

3）对个人信息的重要操作应设置内部审批流程，审批通过后才能对个人信息进行相应的操作。

4）保存个人信息的时间应满足最小化要求，并能够对超出保存期限的个人信息进行删除或匿名化处理。

（10）数据溯源

安全计算环境层面的数据溯源为扩展的安全控制点，共包括 3 项要求：

1）应跟踪和记录数据采集、处理、分析和挖掘等过程，保证溯源数据能重现相应过程。

2）溯源数据应满足数据业务要求和合规审计要求。

3）应采取技术手段保证数据源的真实可信。

5. 安全管理中心

安全管理中心层面共包括4个安全控制点，其中审计管理和安全管理两个安全控制点的要求，与通用要求相应安全控制点的要求分别相同；另外的系统管理和集中管控，与通用要求的安全控制点相比，安全要求项都有所扩展。

（1）系统管理

安全管理中心层面的系统管理控制点，扩展了4项要求：

1）大数据平台应为服务客户提供管理其计算和存储资源使用状况的能力。

2）大数据平台应对其提供的辅助工具或服务组件实施有效管理。

3）大数据平台应屏蔽计算、内存、存储资源故障，保障业务正常运行。

4）大数据平台在系统维护、在线扩容等情况下，应保证大数据应用和大数据资源的正常业务处理能力。

（2）集中管控

安全管理中心层面的集中管控控制点，扩展了1项要求：应对大数据系统提供的各类接口的使用情况进行集中审计和监测，并在发生问题时提供报警。

6. 安全管理制度

安全管理制度层面共包括4个安全控制点，其中管理制度、制定和发布、评审和修订等3个安全控制点的要求，与通用要求相应安全控制点的要求分别相同。安全策略控制点与通用要求的安全控制点相比，扩展了3项要求：

1）应制定大数据安全工作的总体方针和安全策略，阐明本机构大数据安全工作的目标、范围、原则和安全框架等相关内容。

2）大数据安全策略应覆盖数据生命周期相关的数据安全，内容至少包括目的、范围、岗位、责任、管理层承诺、内外部协调及合规性要求等。

7. 安全管理机构

安全管理机构层面共包括5个安全控制点，其中岗位设置、人员配备、沟通和合作等3个安全控制点的要求，与通用要求相应安全控制点的要求分别相同。授权和审批、审核和审查等 2 个控制点与通用要求的安全控制点相比，安全要求项都有所扩展。

（1）授权和审批

安全管理机构层面的授权和审批控制点，扩展了 3 项要求：

1）数据的采集应获得数据源管理者的授权，确保符合数据收集最小化原则。

2）应建立数据导入、导出、集成、分析、交换、交易、共享及公开的授权审批控制流程，赋予数据活动主体的最小操作权限、最小数据集和权限有效时长，依据流程实施相关控制并记录过程，及时回收过期的数据访问权限。

3）应建立跨境数据的评估、审批及监管控制流程，并依据流程实施相关控制并记录过程。

（2）审核和审查

安全管理机构层面的审核和审查控制点，扩展了 1 项要求：应定期对个人信息安全保护措施的有效性进行常规安全检查。

8. 安全管理人员

安全管理人员层面共包括 4 个安全控制点，分别为人员录用、人员离岗、安全意识教育和培训、外部人员访问管理。安全管理层面的安全要求项，与通用要求相应的安全要求项分别相同。

9. 安全建设管理

安全建设管理层面共包括 12 个安全控制点，其中的 9 个安全控制点（定级和备案、安全方案设计、产品采购和使用、自行软件开发、外包软件开发、工程实施、测试验收、系统交付、等级测评）的安全要求项，与通用要求相应的安全要求项分别相同。

安全建设管理层面的服务供应商选择控制点，扩展了 2 项要求：

1）应选择安全合规的大数据平台，其所提供的大数据平台服务应为其所承载的大数据应用和大数据资源提供相应等级的安全保护能力。

2）应以书面方式约定大数据平台提供者和大数据平台使用者的权限与责任、各项服务内容和具体技术指标等，尤其是安全服务内容。

针对大数据安全等级保护对象，安全建设管理层面扩展了 2 个安全控制点：供应链管理和数据源管理。

（1）供应链管理

安全建设管理层面的供应链管理控制点，共有 3 项安全要求：

1）应确保供应商的选择符合国家有关规定。

2）应以书面方式约定数据交换、共享的接收方对数据的保护责任，并明确数据安全保护要求。

3）应将供应链安全事件信息或安全威胁信息及时传达到数据交换、共享的接收方。

（2）数据源管理

安全建设管理层面的数据源管理控制点，共有 1 项安全要求：应通过合法正当的渠道获取各类数据。

10. 安全运维管理

安全运维管理层面共包括 14 个安全控制点，其中的 11 个安全控制点（环境管理、设备维护管理、漏洞和风险管理、恶意代码防范管理、配置管理、密码管理、变更管理、备份与恢复管理、安全事件处置、应急预案管理、外包运维管理）的安全要求项，与通用要求相应的安全要求项分别相同。资产管理、介质管理、网络和系统安全管理等 3 个控制点与通用要求的安全控制点相比，安全要求项都有所扩展。

（1）资产管理

安全运维管理层面的资产管理控制点，扩展了 4 项要求：

1）应建立数据资产安全管理策略，对数据全生命周期的操作规范、保护措施、管理人员职责等进行规定，包括但不限于数据采集、传输、存储、处理、交换、销毁等过程。

2）应制定并执行数据分类分级保护策略，针对不同类别级别的数据制定相应强度的安全保护要求。

3）应定期评审数据的类别和级别，如需要变更数据所属类别或级别，应依据变更审批流程执行变更。

4）应对数据资产和对外数据接口进行登记管理，建立相应的资产清单。

（2）介质管理

安全运维管理层面的介质管理控制点，扩展了 2 项要求：

1）应在中国境内对数据进行清除或销毁。

2）对存储重要数据的存储介质或物理设备应采取难恢复的技术手段，如物理粉碎、消磁、多次擦写等。

（3）网络和系统安全管理

安全运维管理层面的网络和系统安全管理控制点，扩展了 1 项要求：应建立对外数据接口安全管理机制，所有的接口调用均应获得授权和批准。

9.3 大数据安全评估方法

9.3.1 等级测评方法

网络安全等级保护测评（简称等级测评）实施的基本方法是针对特定的测评对象，采用相关的测评手段，遵从一定的测评规程，获取需要的证据数据，给出是否达到特定级别安全保护能力的判断。等级测评实施的基本方法分为如下三种：

1）访谈：主要应用于针对安全物理环境和安全管理类指标（包括安全管理制度、安全管理机构、安全管理人员、安全建设管理和安全运维管理）的测评实施，对应的测评实施描述应明确访谈人员、测评指标、问题类型、访谈内容和预期结果。

2）核查：主要采用实地察看、配置核查、文档审查等测评操作，应用于针对安全物理环境、安全通信网络、安全区域边界、安全计算环境、安全管理中心以及安全管理类指标开展的测评实施。对应的测评实施应明确具体对象（如操作系统的名称 / 型号、版本）、测评指标、测评操作步骤（如通过命令行界面依次输入的命令序列）、应记录内容和预期结果。

3）工具测试：通常见于工具测评指导书中，其主要内容是工具操作步骤的说明，但不等同于随设备提供的命令手册或操作指南。测评人员应依据不同的测评任务（测评对象和指标）恰当地选择测评设备及功能，正确设定设备参数，确定合理的操作步骤和应记录 / 收集的结果内容。

9.3.2 第三级安全评估方法

本节以网络安全等级保护第三级的要求为例，介绍大数据系统（Big Data System，BDS）的安全评估要求。

（1）安全物理环境（共1个测评单元）

测评单元（BDS-L3-01）包括以下要求：

1）测评指标：应保证承载大数据存储、处理和分析的设备机房位于中国境内。

2）测评对象：大数据平台管理员和大数据平台建设方案。

3）测评实施包括以下内容：

①应访谈大数据平台管理员关于大数据平台的存储节点、处理节点、分析节点和大数据管理平台等承载大数据业务和数据的软硬件是否均位于中国境内。

②应核查大数据平台建设方案中是否明确大数据平台的存储节点、处理节点、分析节点和大数据管理平台等承载大数据业务和数据的软硬件均位于中国境内。

4）单元判定：如果①和②均为肯定，则符合本测评单元指标要求，否则不符合或部分符合本测评单元指标要求。

（2）安全通信网络（共2个测评单元）

测评单元（BDS-L3-01）包括以下要求：

1）测评指标：应保证大数据平台不承载高于其安全保护等级的大数据应用。

2）测评对象：大数据平台和业务应用系统定级材料。

3）测评实施：应核查大数据平台和大数据平台承载的大数据应用系统相关定级材料，大数据平台安全保护等级是否不低于其承载的业务应用系统。

4）单元判定：如果以上测评实施内容均为肯定，则符合本测评单元指标要求，否则不符合本测评单元指标要求。

测评单元（BDS-L3-02）包括以下要求：

1）测评指标：应保证大数据平台的管理流量与系统业务流量分离。

2）测评对象：网络架构和大数据平台。

3）测评实施包括以下内容：

①应核查网络架构和配置策略能否采用带外管理或策略配置等方式实现管理流量和业务流量分离。

②应核查大数据平台管理流量与大数据服务业务流量是否分离，核查所采取的技术手段和流量分离手段。

③应测试验证大数据平台管理流量与业务流量是否分离。

4）单元判定：如果①～③均为肯定，则符合本测评单元指标要求，否则不符合或部分符合本测评单元指标要求。

（3）安全计算环境（共14个测评单元）

测评单元（BDS-L3-01）包括以下要求：

1）测评指标：大数据平台应对数据采集终端、数据导入服务组件、数据导出终端、数据导出服务组件的使用实施身份鉴别。

2）测评对象：数据采集终端、导入服务组件、业务应用系统、数据管理系统和系统管理软件等。

3）测评实施包括以下内容：

①应核查数据采集终端、用户或导入服务组件、数据导出终端、数据导出服务组件在登录时是否采用了身份鉴别措施。

②应测试验证身份鉴别措施是否能够不被绕过。

4）单元判定：如果①和②均为肯定，则符合本测评单元指标要求，否则不符合或部分符合本测评单元指标要求。

测评单元（BDS-L3-02）包括以下要求：

1）测评指标：大数据平台应能对不同客户的大数据应用实施标识和鉴别。

2）测评对象：大数据平台、大数据应用系统和系统管理软件等。

3）测评实施包括以下内容：

①应核查大数据平台是否对大数据应用实施身份鉴别措施。

②应测试验证身份鉴别措施是否能够不被绕过。

4）单元判定：如果①和②均为肯定，则符合本测评单元指标要求，否则不符合或部分符合本测评单元指标要求。

测评单元（BDS-L3-03）包括以下要求：

1）测评指标：大数据平台应为大数据应用提供集中管控其计算和存储资源使用状况的能力。

2）测评对象：大数据平台和大数据应用。

3）测评实施包括以下内容：

①应核查大数据平台是否为大数据应用提供计算和存储资源集中管控的模块。

②应建立大数据应用测试账户，核查大数据平台是否支持计算和存储资源集中监测和集中管控功能。

4）单元判定：如果①和②均为肯定，则符合本测评单元指标要求，否则不符合或部分符合本测评单元指标要求。

测评单元（BDS-L3-04）包括以下要求：

1）测评指标：大数据平台应对其提供的辅助工具或服务组件实施有效管理。

2）测评对象：辅助工具、服务组件和大数据平台。

3）测评实施包括以下内容：

①应核查提供的辅助工具或服务组件是否可以进行安装、部署、升级和卸载等。

②应核查提供的辅助工具或服务组件是否提供日志。

③应核查大数据平台是否采用技术手段或管理手段对辅助工具或服务组件管理进行统一管理，避免组件冲突。

4）单元判定：如果①～③均为肯定，则符合本测评单元指标要求，否则不符合或部分符合本测评单元指标要求。

测评单元（BDS-L3-05）包括以下要求：

1）测评指标：大数据平台应屏蔽计算、内存、存储资源故障，保障业务正常运行。

2）测评对象：设计文档、建设文档、计算节点和存储节点。

3）测评实施包括以下内容：

①应核查设计文档或建设文档是否具备屏蔽计算、内存、存储资源故障的措施和技术手段。

②应测试验证单一计算节点或存储节点关闭时，是否不影响业务正常运行。

4）单元判定：如果①和②均为肯定，则符合本测评单元指标要求，否则不符合或部分符合本测评单元指标要求。

测评单元（BDS-L3-06）包括以下要求：

1）测评指标：大数据平台应提供静态脱敏和去标识化的工具或服务组件技术。

2）测评对象：设计或建设文档、大数据应用和大数据平台。

3）测评实施包括以下内容：

①应核查大数据平台设计或建设文档是否具备数据静态脱敏和去标识化措施或方案，

如核查工具或服务组件是否具备配置不同的脱敏算法的能力。

②应核查静态脱敏和去标识化工具或服务组件是否进行了策略配置。

③应核查大数据平台是否为大数据应用提供静态脱敏和去标识化的工具或服务组件技术。

④应测试验证脱敏后的数据是否实现对敏感信息内容的屏蔽和隐藏，验证脱敏处理是否具备不可逆性。

4）单元判定：如果①～④均为肯定，则符合本测评单元指标要求，否则不符合或部分符合本测评单元指标要求。

测评单元（BDS-L3-07）包括以下要求：

1）测评指标：对于对外提供服务的大数据平台，平台或第三方只有在大数据应用授权下才可以对大数据应用的数据资源进行访问、使用和管理。

2）测评对象：大数据平台、大数据应用系统、数据管理系统和系统设计文档等。

3）测评实施包括以下内容：

①应核查是否由授权主体负责配置访问控制策略。

②应核查授权主体是否依据安全策略配置主体对客体的访问规则。

③应测试验证是否不存在可越权访问情形。

4）单元判定：如果①～③均为肯定，则符合本测评单元指标要求，否则不符合或部分符合本测评单元指标要求。

测评单元（BDS-L3-08）包括以下要求：

1）测评指标：大数据平台应提供数据分类分级安全管理功能，供大数据应用针对不同类别级别的数据采取不同的安全保护措施。

2）测评对象：大数据平台、大数据应用系统、数据管理系统和系统设计文档等。

3）测评实施包括以下内容：

①应访谈管理员是否依据行业相关数据分类分级规范制定数据分类分级策略。

②应核查大数据平台是否具有分类分级管理功能，是否依据分类分级策略对数据进行分类和等级划分；大数据平台是否能够为大数据应用提供分类分级安全管理功能。

③应核查大数据平台、大数据应用和数据管理系统等对不同类别级别的数据在标识、使用、传输和存储等方面采取何种安全防护措施，进而根据不同需要对关键数据进行重

点防护。

4）单元判定：如果①～③均为肯定，则符合本测评单元指标要求，否则不符合或部分符合本测评单元指标要求。

测评单元（BDS-L3-09）包括以下要求：

1）测评指标：大数据平台应提供设置数据安全标记功能，基于安全标记的授权和访问控制措施，满足细粒度授权访问控制管理能力要求。

2）测评对象：大数据平台、数据管理系统和系统设计文档等。

3）测评实施包括以下内容：

①应核查大数据平台是否依据安全策略对数据设置安全标记。

②应核查大数据平台是否为大数据应用提供基于安全标记的细粒度访问控制授权能力。

③应测试验证依据安全标记是否实现主体对客体细粒度的访问控制管理功能。

4）单元判定：如果①～③均为肯定，则符合本测评单元指标要求，否则不符合或部分符合本测评单元指标要求。

测评单元（BDS-L3-10）包括以下要求：

1）测评指标：大数据平台应在数据采集、存储、处理、分析等各个环节，支持对数据进行分类分级处置，并保证安全保护策略保持一致。

2）测评对象：数据采集终端、导入服务组件、大数据应用系统、数据管理系统和系统管理软件等。

3）测评实施包括以下内容：

①应访谈管理员是否依据行业相关数据分类分级规范制定数据分类分级策略。

②应核查数据是否依据分类分级策略在数据采集、处理、分析过程中进行分类和等级划分。

③应核查是否采取有效措施保障机构内部数据安全保护策略的一致性。

4）单元判定：如果①～③均为肯定，则符合本测评单元指标要求，否则不符合或部分符合本测评单元指标要求。

测评单元（BDS-L3-11）包括以下要求：

1）测评指标：涉及重要数据接口、重要服务接口的调用，应实施访问控制，包括但不限于数据处理、使用、分析、导出、共享、交换等相关操作。

2）测评对象：大数据平台、大数据应用系统、数据管理系统和系统管理软件等。

3）测评实施包括以下内容：

①应核查大数据平台或大数据应用系统是否面向重要数据接口、重要服务接口的调用提供有效访问控制措施。

②应核查访问控制措施是否包括但不限于数据处理、使用、分析、导出、共享、交换等相关操作。

③应测试验证访问控制措施是否不被绕过。

4）单元判定：如果①～③均为肯定，则符合本测评单元指标要求，否则不符合或部分符合本测评单元指标要求。

测评单元（BDS-L3-12）包括以下要求：

1）测评指标：应在数据清洗和转换过程中对重要数据进行保护，以保证重要数据清洗和转换后的一致性，避免数据失真，并在产生问题时能有效还原和恢复。

2）测评对象：管理员、清洗和转换的数据、数据清洗和转换工具或脚本。

3）测评实施包括以下内容：

①应访谈数据清洗转换相关管理员，询问数据清洗后是否较少出现失真或一致性破坏的情况。

②应核查清洗和转换的数据，重要数据清洗前后的字段或者内容是否具备一致性，能否避免数据失真。

③应核查数据清洗和转换工具或脚本，重要数据是否具备回滚机制等，在产生问题时可进行有效还原或恢复。

④单元判定：如果①～③均为肯定，则符合本测评单元指标要求，否则不符合或部分符合本测评单元指标要求。

测评单元（BDS-L3-13）包括以下要求：

1）测评指标：应跟踪和记录数据采集、处理、分析和挖掘等过程，保证溯源数据能重现相应过程，溯源数据满足合规审计要求。

2）测评对象：数据溯源措施或系统和大数据系统。

3）测评实施包括以下内容：

①应核查数据溯源措施或系统是否对数据采集、处理、分析和挖掘等过程进行溯源。

②应核查重要业务数据处理流程是否包含在数据溯源范围中。

③应测试验证大数据平台是否对测试产生的数据采集、处理、分析或挖掘的过程进行了记录，是否可溯源测试过程。

④应核查是否能支撑数据业务要求，确保重要业务数据可溯源。

⑤对于自研发溯源措施或系统，应核查溯源数据能否满足合规审计要求。

⑥对于采购的溯源措施或系统，应核查系统是否符合国家产品和服务合规审计要求，溯源数据是否符合合规审计要求。

4）单元判定：如果①～⑥均为肯定，则符合本测评单元指标要求，否则不符合或部分符合本测评单元指标要求。

测评单元（BDS-L3-14）包括以下要求：

1）测评指标：大数据平台应保证不同客户的大数据应用的审计数据隔离存放，并提供不同客户的审计数据收集汇总和集中分析的能力。

2）测评对象：大数据应用的审计数据。

3）测评实施包括以下内容：

①应核查对外提供服务的大数据平台，审计数据存储方式和不同大数据应用的审计数据是否隔离存放。

②应核查大数据平台是否提供不同客户的审计数据收集汇总和集中分析的能力。

4）单元判定：如果①和②均为肯定，则符合本测评单元指标要求，否则不符合或部分符合本测评单元指标要求。

（4）安全建设管理（共3个测评单元）

测评单元（BDS-L3-01）包括以下要求：

1）测评指标：应选择安全合规的大数据平台，其所提供的大数据平台服务应为其所承载的大数据应用提供相应等级的安全保护能力。

2）测评对象：大数据应用建设负责人、大数据平台资质及安全服务能力报告和大数据平台服务合同等。

3）测评实施包括以下内容：

①应访谈大数据应用建设负责人，核查所选择的大数据平台是否满足国家的有关

规定。

②应查阅大数据平台相关资质及安全服务能力报告，确定是否大数据平台能为其所承载的大数据应用提供相应等级的安全保护能力。

③应核查大数据平台提供者的相关服务合同，确定是否大数据平台提供了其所承载的大数据应用相应等级的安全保护能力。

4）单元判定：如果①～③均为肯定，则符合本测评单元指标要求，否则不符合或部分符合本测评单元指标要求。

测评单元（BDS-L3-02）包括以下要求：

1）测评指标：应以书面方式约定大数据平台提供者的权限与责任、各项服务内容和具体技术指标等，尤其是安全服务内容。

2）测评对象：服务合同、协议或服务水平协议、安全声明等。

3）测评实施：应核查服务合同、协议或服务水平协议、安全声明等，是否规范了大数据平台提供者的权限与责任，覆盖管理范围、职责划分、访问授权、隐私保护、行为准则、违约责任等方面的内容；是否规定了大数据平台的各项服务内容（含安全服务）和具体指标、服务期限等，并有双方签字或盖章。

4）单元判定：如果以上测评实施内容均为肯定，则符合本测评单元指标要求，否则不符合本测评单元指标要求。

测评单元（BDS-L3-03）包括以下要求：

1）测评指标：应明确约束数据交换、共享的接收方对数据的保护责任，并确保接收方有足够或相当的安全防护能力。

2）测评对象：数据交换、共享的策略和数据交换、共享的合同或协议等。

3）测评实施包括以下内容：

①应核查是否建立数据交换、共享的策略，确保内容覆盖对接收方安全防护能力的约束性要求。

②应核查数据交换、共享的合同或协议是否明确数据交换、共享的接收方对数据的保护责任。

4）单元判定：如果①和②均为肯定，则符合本测评单元指标要求，否则不符合或部分符合本测评单元指标要求。

（5）安全运维管理（共 4 个测评单元）

测评单元（BDS-L3-01）包括以下要求：

1）测评指标：应建立数字资产安全管理策略，对数据生命周期的操作规范、保护措施、管理人员职责等进行规定，包括并不限于数据采集、存储、处理、应用、流动、销毁等过程。

2）测评对象：数字资产安全管理策略。

3）测评实施包括以下内容：

①应核查大数据平台和大数据应用数字资产安全管理策略是否明确资产的安全管理目标、原则和范围。

②应核查大数据平台和大数据应用数字资产安全管理策略是否明确各类数据全生命周期（包括并不限于数据采集、存储、处理、应用、流动、销毁等过程）的操作规范和保护措施，是否与数字资产的安全类别级别相符。

③应核查大数据平台和大数据应用数字资产安全管理策略是否明确管理人员的职责。

4）单元判定：如果①～③均为肯定，则符合本测评单元指标要求，否则不符合或部分符合本测评单元指标要求。

测评单元（BDS-L3-02）包括以下要求：

1）测评指标：应制定并执行数据分类分级保护策略，针对不同类别级别的数据制定不同的安全保护措施。

2）测评对象：数据分类分级保护策略。

3）测评实施包括以下内容：

①应核查大数据平台和大数据应用数据分类分级保护策略是否针对不同类别级别的数据制定了不同的安全保护措施。

②应核查数据操作记录是否按照大数据平台和大数据应用数据分类分级保护策略对数据实施保护。

4）单元判定：如果①和②均为肯定，则符合本测评单元指标要求，否则不符合本测评单元指标要求。

测评单元（BDS-L3-03）包括以下要求：

1）测评指标：应在数据分类分级的基础上，划分重要数字资产范围，明确重要数据进行自动脱敏或去标识的使用场景和业务处理流程。

2）测评对象：数据安全管理相关要求和大数据平台建设方案。

3）测评实施包括以下内容：

①应核查数据安全管理相关要求是否划分重要数字资产范围，是否明确重要数据自动脱敏或去标识的使用场景和业务处理流程。

②应核查数据自动脱敏或去标识的使用场景和业务处理流程是否与管理要求相符。

4）单元判定：如果①和②均为肯定，则符合本测评单元指标要求，否则不符合或部分符合本测评单元指标要求。

测评单元（BDS-L3-04）包括以下要求：

1）测评指标：应定期评审数据的类别和级别，如需要变更数据的类别或级别，应依据变更审批流程执行变更。

2）测评对象：数据管理员，数据管理相关制度和数据变更记录表单。

3）测评实施包括以下内容：

①应访谈数据管理员，是否定期评审数据的类别和级别，如在需要变更数据的类别或级别时，是否依据变更审批流程执行。

②应核查数据管理相关制度，是否要求对数据的类别和级别进行定期评审，是否提出数据类别或级别变更的审批要求。

③应核查数据变更记录表单，是否依据变更审批流程执行变更。

4）单元判定：如果①～③均为肯定，则符合本测评单元指标要求，否则不符合或部分符合本测评单元指标要求。

9.4 小结

网络安全法规定将网络安全等级保护工作列为网络运营者的义务，大数据安全是网络安全等级保护中的扩展要求之一。本章介绍了网络安全等级保护制度，重点分析了与大数据相关的场景、基本要求与测评方法。

习题 9

1. 查阅资料，分析我国网络安全等级保护的发展历程。

2. 列表说明，相比“等保 1.0”，“等保 2.0”有哪些变化？
3. 网络安全等级保护通用要求包括哪些方面？
4. 网络安全等级保护扩展要求包括哪些方面？
5. 根据“等保 2.0”，大数据的应用场景包括哪些内容？
6. 根据“等保 2.0”的第三级要求，分析说明大数据系统的模型构成。
7. 根据“等保 2.0”的第三级要求，分析说明大数据的安全控制模型。
8. 网络安全等级保护测评实施的基本方法有哪些？
9. 根据“等保 2.0”的第三级要求，分析说明大数据的安全评估要求。

参考文献

[1] 微信公众号 CAICT．中国信通院解读：“十四五”规划里的大数据发展［Z］.

[2] 数据分类分级标准解析［EB/OL］. https://www.freebuf.com/company-information/252313.html.

[3]《数据安全能力成熟度模型》实践指南：数据源鉴别及记录［EB/OL］. https://baijiahao.baidu.com/s?id=1676615160152530783&wfr=spider&for=pc.

[4] 周艳会，曾荣任．基于元数据的数据质量管理研究［J］．计算机应用，2020（7）：26-28.

[5] 王惠，李蒙，冉晋雪．敏感数据保护和强制访问控制实现研究［A］．信息网络安全，2016.

[6] 蒲东．基于 K- 匿名个性化数据隐私保护算法研究［D］．成都：成都信息工程大学，2019.

[7] 马静．大数据匿名化隐私保护技术综述［J］．无线互联科技，2019（2）：137-141.

[8] 方新凯．大数据背景下信息安全的保护研究［J］．电子世界，2020.

[9] 郭远胜．敏感数据识别方法研究［J］．信息记录材料，2017，18（9）：89-91.

[10] 杨洋，陈红军．隐私保护数据挖掘技术研究综述［J］．微型电脑应用，2020，36（8）：41-44.

[11] 朱宏亮，许思文，石岳蓉．银行业 App 个人信息保护合规性研究与探索［J］．信息安全，2020（8）：71-75.

[12] 娄岩．大数据技术应用导论［M］．沈阳：辽宁科学技术出版社，2017.

[13] 闫桂勋，刘蓓，程浩，等．数据共享安全框架研究［J］．信息安全研究，2019，5（4）：309-317.

[14] 刘同明，夏祖勋，解洪成．数据融合技术及其应用［M］．北京：国防工业出版社，1998.

[15] 朱扬勇．大数据资源［M］．上海：上海科学技术出版社，2018.

[16] 朱洪斌，安龙，杨铭辰．电力大数据安全治理体系研究［J］．电信科学，2019，（11）：140-144.

[17] 加强对大数据的安全管理［EB/OL］. https://www.163.com/news/article/BI400QVI00014AED.html.

[18]《网络安全法》对大数据安全提出了新规定、新要求［EB/OL］. http://www.yidianzixun.com/article/0GNHGaUt.

[19]《个人信息安全规范》（2020 版）简要解读和合规建议［EB/OL］. https://www.sohu.com/

a/417547927_672137.

[20] 大数据采集技术概述［EB/OL］. http://c.biancheng.net/view/3526.html.

[21] 特权账号管理那些事［EB/OL］. http://www.hackdig.com/09/hack-140637.htm.

[22] 洪帆，崔国华，付小青. 信息安全概论［M］. 武汉：华中科技大学出版社，2005.

[23] 周学广，等. 信息安全学［M］. 北京：机械工业出版社，2008.

[24] 张同光，等. 信息安全技术实用教程［M］. 北京：电子工业出版社，2010.

[25] 陈兴蜀，葛龙，等. 云安全原理与实践［M］. 北京：机械工业出版社，2018.

[26] 网络可用性［EB/OL］. https://www.diyimeiwen.com/doc/jslpni.html.

[27] 陈龙. 面向服务质量的负载均衡问题研究［D］. 北京：华北电力大学，2017.

[28] 王雁. 结构化隐私数据脱敏方法研究与系统实现［D］. 哈尔滨：哈尔滨工业大学，2019.

[29] 叶挺. 大数据平台安全框架体系研究与应用［D］. 杭州：浙江工业大学，2019.

[30] 徐乐. 大数据时代隐私安全问题研究［D］. 成都：成都理工大学，2016.

[31] 高宇. 大数据系统异常检测与资源预估算法研究［D］. 哈尔滨：哈尔滨工业大学，2020.

[32] 杜保臻. 多源数据融合系统框架与证据理论算法研究及其在智慧医疗中的应用［D］. 济南：山东大学，2019.

[33] 刘增义. 具有可控随机性的数据中心负载均衡算法［D］. 北京：北京邮电大学，2017.

[34] 陈慧. 事务型数据发布的隐私保护关键技术研究［D］. 兰州：西北师范大学，2020.

[35] 吕欣，韩晓露，毕钰，等. 大数据安全保障框架与评价体系研究［J］. 信息安全研究，2016，2（10）：913-919.

[36] 黄钟，陈肖，文书豪，等. 大数据安全测评框架和技术研究［J］. 通信技术，2017，50（8）：1810-1815.

[37] 谭彬，刘晓峰，邱岚，等. 大数据安全管理及关键技术研究［J］. 2017，8（12）：25-28.

[38] 陈性元，高元照，唐慧林，等. 大数据安全技术研究进展［J］. 中国科学：信息科学，2020，50（1）：25-66.

[39] 张锋军，杨永刚，李庆华，等. 大数据安全研究综述［J］. 通信技术，2020，53（5）：1063-1076.

[40] 万森. 数据防泄漏技术模型的发展方向分析［J］. 信息技术与网络安全，2019，38（8）：22-27.

[41] 唐迪，魏英. 存储介质数据销毁技术研究［J］. 信息安全技术，2012（9）：8-9.

[42] 申志华，康迪，刘利锋. 存储介质数据销毁技术研究［J］. 保密科学技术，2018（2）：

24-27.
[43] 许吴环，顾潇华. 大数据处理平台比较研究 [J]. 软件导刊，2017，16（4）：212-213.
[44] 冯占英，张玉，段美珍，等. 大数据环境下个人信息泄露路径及其保护策略研究 [J]. 中华医学图书情报杂志，2020，29（9）：7-12.
[45] 张鹏. 大数据时代的隐私权保护问题研究 [D]. 郑州：郑州大学，2016.
[46] 国际科学技术数据委员会发展中国际数据宝藏与共享工作组. 发展中国家数据共享原则 [J]. 全球变化数据学报，2017，1（1）：12-15.
[47] 王明月，张兴，李万杰，等. 面向数据发布的隐私保护技术研究综述 [J]. 小型微型计算机系统，2020，41（12）：2657-2667.
[48] 林鹏文. 基于大数据的网络安全态势感知研究 [D]. 泉州：华侨大学，2019.
[49] 包利军. 基于大数据的网络安全态势感知平台在专网领域的应用 [J]. 信息安全研究，2019，5（2）：168-175.
[50] 刘世栋. 基于大数据的网络安全态势感知平台搭建 [J]. 保密科学技术，2019（6）：47-51.
[51] 徐华. 基于云的大数据处理系统性能优化问题研究 [D]. 合肥：中国科技大学，2018.
[52] 陈文伟，黄金才，赵新昱. 数据挖掘技术 [M]. 北京：北京工业大学出版社，2002.
[53] 赵妍. 面向大数据的挖掘方法研究 [M]. 成都：电子科技大学出版社，2016.
[54] 孟祥丰，白永祥. 计算机网络安全技术研究 [M]. 北京：北京理工大学出版社，2013.
[55] 陈亮. 数据安全交换若干关键技术研究 [D]. 郑州：信息工程大学，2015.
[56] 曹景源. 云存储中数据销毁与安全共享机制研究 [D]. 郑州：信息工程大学，2017.
[57] 黄伟. 云环境下大数据处理平台性能分析与优化研究 [D]. 杭州：杭州电子科技大学，2018.
[58] 王卓，刘国伟，王岩，等. 数据脱敏技术发展现状及趋势研究 [J]. 信息通信技术与政策，2020（4）：18-22.
[59] 叶水勇. 数据脱敏技术的探究与实现 [J]. 电力信息与通信技术，2019，17（4）：23-27.
[60] 达庆佶. 基于访问控制的医疗数据共享隐私保护研究 [D]. 南京：南京邮电大学，2020.
[61] 吴晗. 基于公共安全的大数据融合与存储管理研究 [D]. 北京：北方工业大学，2020.
[62] 邓博允. 基于匿名化的数据发布隐私保护技术研究 [D]. 广州：广东工业大学，2020.
[63] 孙天成. 基于失控相关性的感知数据清洗研究 [D]. 北京：北京建筑大学，2020.
[64] 史傲凯. 基于异构系统的数据异常感知方法研究 [D]. 成都：电子科技大学，2020.
[65] 江佳希. 基于 Hadoop 的安全态势感知系统的研究与实现 [D]. 上海：东华大学，2020.